我们总要
一个人
沉默着努力

梦马 著

中国华侨出版社

命运的精彩，并不在轰烈之间。

世人喜欢惊叹天空里一片掠过的痕迹，可是更值得尊重的，其实是那些努力扇动翅膀的日日夜夜。

成功的缘由千万种，没有一座独木桥。

但可以总结出共同的前提，那便是：优秀的人，一定拥有过一段默默努力的时光，只有自己懂得，不论孤独，不论艰苦，不论诱惑。

即使在没人看见的地方，也要努力成长，一路前行，直到让世界看到一个更好的自己。

我们总要一个人沉默着努力，才不会因为虚度光阴而悔恨；

我们总要一个人沉默着努力，因为只有足够强大，才能拥抱生活；

　　我们总要一个人沉默着努力，即使赶不上别人的步伐，也会超越昨天的自己；

　　我们总要一个人沉默着努力，今天，此时，就是起跑线；

　　努力，是最有力的飞行；沉默，是最有利的呐喊。

　　那是黎明前的暗战，也会是生命最珍贵的记忆。

目　录

Contents

第十二章
越努力越幸运，时间可以幻化为天分

第十三章
做喜欢的事，成为最好的自己

第一章

所谓成长，就是越来越能接受
自己本来的样子

愿我们都能带着微笑前行

生活是一面镜子，如果你对着它哭泣，它便泪雨纷纷，如果你对着它微笑，它便春花开遍。

微笑是一枚充满力量的种子，当它撒在我们的脸上，全身的忧愁都将一扫而空。有人大喊着"我要快乐"，却怎么也快乐不起来，也有人无欲无求，每天却都笑容满面。微笑是从灵魂里散发出来的味道，是恬淡，是美好，不是刻意的强颜欢笑。

就像我们试图在镜头下展现的美好，带着美好的憧憬，一切也会向着好的方向去前进。我们都愿意看见一个达观开朗的你，一个笑声朗朗的你。当你敞开了心扉，阳光也将扑面而来。

前不久流行起一种"美人鉴定法"，即用食指连接下巴和鼻尖，如果食指碰不到嘴唇，就证明是个标致美人，如果碰到了嘴唇则反之。有人发现，如果直接测量，自己的手指会碰到嘴唇，但是如果面带微笑，就不会碰到了。

或许，这也说明了微笑能使人美丽的道理。

我曾只身在海外游走，有过很多语言不通的时候。不过，微笑是最通用的语言，纵然我们来自海角天涯，纵然我们拥有着不同的国别与肤色，只要微微一笑，所有的距离感便都不复存在，虽是初见，却像是久别重逢。

微笑不仅仅是一种表情，更是一种态度，一种对待生活与生命的态度。

去年，我在玩蹦极的时候遇到一位年逾古稀的老人。老先生非要尝试一把蹦极，但是工作人员不允许，一群游客哄笑不止。老先生倒不介意，慢条斯理地和工作人员解释："我就是想趁自己还走得动的时候感受一下，放心吧，万一老头子我真死在绳子上，也不怪你们，所有后果我自己承担。"

不过，工作人员担心出意外，终究没有答应这位老先生的请求。

虽然如此，我还是对那位老先生钦佩不已。或许年龄会决定你的身体，但是心态却决定了你的年龄。拥有达观的生活态度，如同点亮了一盏心灯，在温暖自己的同时，也照亮了别人。

不忌妒，不谄媚，不攀比，不卑微，将所有的美好，倾注于每一刻光阴，用一朵花开的时间，拂去心尘，淡然微笑。

愿你拥有一颗云水禅心，在时光的罅隙里听风声，看雨落，守望岁月的晴光。

有一次在拥挤的公交车上不小心踩到了一个人的脚，我赶紧连声道歉，但是那个女孩子什么都没说，只是冲我笑了一下，我也赶紧回以微笑。

在那以后，我们又遇见过几次，每一次都是互相报以微笑。我想，一个笑容，已经胜过千言万语。我不知道她的名字，不知道她住在哪里，不了解她的任何情况，但是微笑却让我们不再陌生，于无声中已经建立了友情。

后来在一个景区门口检票的时候，我又遇见了她。看到她在我前面，我情不自禁地打了声招呼，但是她似乎没有听见。她手里拿着一个证件，给检票人员看了一眼，就进去了。

我非常惊讶，不知道什么证件会有这么大的威力，可以不买票就进入景区，赶紧检了票，跟了过去。在她收起那个证件的前一秒，我赫然发现，那竟然是残疾人证。

后来我知道，那个女孩子是聋哑人。回想起每次见到她的情景，回想起那些无声的微笑，我不禁有些心疼，更多的则是敬佩。多少身体健全的人，整天抱怨这抱怨那，怪上天的不公，怪社会的复杂，却不知道，那些比他们还不幸的人正微笑着面对人生，一步一个脚印地追逐着心中的梦想。

在浩瀚的命运长河里，你用0℃的冰冷去前行，必将举步维艰，但是，如果你愿意温暖一些，生活的坚冰必将化作十里春风。

做一个温暖的人，有傲骨，但绝不傲气，有智慧，但绝不奸猾，有质朴，但绝不笨拙。

当你微笑着看这世界时，世界也将微笑着看你。愿你从骨子里开出优雅的花，做一个恬静的人，用灵魂的香气，熏染生命的芬芳。

为之奋斗，便不会抱憾终身

多少梦中的憧憬，指引着现实中跌跌撞撞的青春。你不断的努力，点燃了梧桐枝头的火焰，瞬息照彻生命，照彻寰宇。天总会亮，眼泪总会干，愿你能把最痛苦的时光熬成最美好的汤，一路笑着前行。

千里之行，始于足下。真正的成功，是经得起时间与空间的考验的。我们承认秦皇汉武的丰功伟绩，因为他们为泱泱华夏做出了真正的贡献。我们承认四大名著不朽的文学价值，因为在漫长的历史长河中，经过大浪淘沙的洗礼，它们已经是公认的文化瑰宝，无关时间，无关空间。

公司新来了职员 A。小姑娘长得很漂亮，看起来非常秀气，和我们说话也是甜甜的。然而没几天，我们就发现，这个漂亮的公主实在不适合工作。

她的一些习惯让我们咋舌不已。在她的办公桌里，除了大量的零食外，每天还会换着样地放上好几套衣服，每一套都是价值不菲。几乎每一天，她都要换 2~4 套衣服。除了衣服，还有大量的奢侈化妆品也搬到了办公桌上。

每个人都有自己的生活习惯，我们当然没有资格去干涉这些。只不过，在公司里如此大张旗鼓地表现出自己与众不同的特色习惯，总是让人感觉怪怪的。她常常会问我们一些问题，比如打印机如何操作，怎么在 Excel 表格里自动求和，PPT 里怎么插入背景音乐……

问问题不重要，重要的是，她每天问我们的，常常是已经问过好几遍的问题。我们简直要怀疑，她是怎么通过面试应聘这个职位的。后来才知道，原来这个娇贵的"公主"是某领导的千金。

后来，那个女孩子被调到了其他部门，不知道情况有没有改善一些。

总有人轻而易举地跃进了龙门，但是却无法承受龙门中汹涌的波涛与风浪。世界是公平的，每一个成功的人，都要经历火海刀山的磨砺，才能坦然面对成功之巅的种种雨雪风霜。

不要抱怨某个能力不如你的人，却因为家里的背景而得到了什么职位，也不要抱怨那个托关系走后门的人升了职加了薪。不得不承认，有时候这世界的确会存在一些不公平的现象，不过，那或许会代表一时，但是却不会代表一世。时间久了，你就会发现，那个家里有背景的人做工作常常出错，除了拿到一点固定的工资以外，便一无所成。渐渐地你也会看到，那个托关系走后门的人终于被降了职，因为他没有那么高的领导水平。

不要因为你看到的这个世界的一时不公，就否定了它的全部。

真实的生活从来不会像童话故事里描绘的那样简单，但也请你记住，它也并非黑暗得不可救药。真实的生活是由各种苦辣酸甜的味道组合而成的，因为尝过苦涩的难过，所以才更加珍惜甜蜜的快乐。

现实生活里没有人可以永远安乐享受。生于忧患，死于安乐，不要被物质的享受蒙蔽了双眼，在滋生懒惰的温床上止步不前。

现实生活里不会有天上掉馅饼的好事，但这并不代表馅饼不存在。馅饼的确是在天上，但不会自己掉下来，它需要我们一步一步历练自己，磨砺自己的翅膀，在你足够强大的时候，就可以一飞冲天将馅饼摘下来。

我们不能迷信童话的完美无瑕，但是也不要将这个世界全盘否定，一切都掌握在自己手中。命运没有天生之说，只要你愿意相信自己是最优秀的，你就会成为那个最优秀的人。

为自己的心灵立个坐标

时间的长河推动着成长的小舟，无论愿不愿意，我们都只能向前。花落花又开，虽然看起来与去年无异，但是花知道，它已经不再是曾经的自己。

在这场兵人生的长河里，我们不停地得到，也不停地失去。有人说，所谓成长，就是不断地变成自己曾经最讨厌的那种人。其实，真正的成长，不是千辛万苦地把自己变成什么样的人，而是在历经人世浮沉后，依然记得自己的初心。

所幸，我没有变成自己曾经最讨厌的那种人。在熙熙攘攘的烟火人间，我微笑着看这世上的聚与散，从容地书写属于自己的离与合。不羡慕，不抱怨，可以在风雨里坦然奔跑，也可以在阳光下淡然起舞。

我听见有人哭着说，这社会太复杂。

事实上，复杂的不是社会，而是人。

人与人之间，总是存在着一种很微妙的关系。当我们山长水阔地分离时，总是饱受铭心刻骨的思念的折磨，而真正朝夕相伴时，又常常吵得不可开交。细细想来，在生活中人与人之间的和谐都建立在恰当的交往距离之上，而人与人之间的某些冲突却往往是从不恰当的距离开始的。

在寒冷的冬天，身上长着锋利尖刺的豪猪会靠彼此来取暖。但是，如果它们靠得太近，就会被对方的尖刺刺伤；如果距离太远，又达不到取暖的效果。于是，两只豪猪总是要经过无数次的靠近与分开，才能找到一个既不伤害对方又能互相取暖的最佳距离。

人与人之间，也同样如此。

那份最佳距离总是要经过不断地尝试才能得到的，就像在生活中，我们总是在受伤后才真正领悟其中的真谛。对待事业，对待感情，对待人生，这个过程总是不可避免的。

生活中，我们无时无刻不在寻找着那份最佳距离。有些人因为害怕受伤，宁愿永远孤孤单单地忍受寒冷，就像害怕风雨而拒绝出门，但也因此拒绝了所有的阳光，终日郁郁寡欢，与快乐无缘。

现实中没有通往幸福的南瓜马车，也没有从天而降的水晶鞋。只有你的双手与双脚是最实际的。生活需要你一步一个脚印地去尝试、去实践，没有人可以一辈子躺在自以为是的井底，永远做一只观天的青蛙。

多年前的中学时代，我还整日为数理化而头疼不已。每天，我们都要在漫无边际的题海中奋战，喘不过气来。虽然老师们也想让我们解放一下，但是想到成绩，总是咬咬牙，又拼命地给我们布置下一套又一套练习题。

后来，学校里来了一位新老师，大概是大学刚毕业，颇有抱负，讲起课来也是意气风发的。他与其他的所有老师都不同，对题海战嗤之以鼻，除了在课堂上给我们讲几道例题外，几乎从不让我们做题，大多时候，都是以发散思维激发学生们的学习兴趣。一个学期下来，那位老师和我们成了最好的朋友，但是他所教的几个班级却是整个年级组中成绩最低的。

现实与理想之间，看起来只有一步之遥，实际上却隔着千万重迷障。读大学后，我听学妹说起那位老师，对他的评价居然是"留题大王"，我不禁讶然。起初我格外震惊和怀疑，但是平静下来，就明白了其中的缘由，"理想很丰满，现实很骨感"。

从天使到恶魔，有时候只有一步之遥。越是相信童话的人，到最后反而越是容易陷入厚黑学的旋涡。其实，太过单纯，太容易受伤；太过复杂，又太容易伤害别人。

在童话与厚黑学之间，我们应该保持一个最佳距离，就像聪明的豪猪，既能保证不伤害对方，又能达到相互取暖的目的。

有谁能想象，那些厚黑学的虔诚信徒，曾经都是单纯的天使。在现实与理想之间，我们必须保持一个乐观而不盲目的态度，才能循序渐进地向理想出发。每个人都应该有一个对自己心灵定位的坐标，只有在这个坐标下前行，才不会迷失方向。

有人笃信，要想成功，就必须坚持脸皮要厚、心要黑。或许，这种做法会带来一时的成功，但绝不会保持一世的光荣。所谓"厚黑学"的成功法，只是杀鸡取卵的不计后果的行为。

人生如同某种竹子的生长。竹子用了 4 年的时间，仅仅长高了 3 厘米，但是到了第五年，竹子却以每天 30 厘米的速度疯狂生长，仅仅用了六周时间，就长高了 15 米。

竹子之所以能在第五年迅速生长起来，是因为在之前的那四年里，它已经把根须深深地扎进土壤里，为第五年的生长积累了足够的养分。它"咬定青山不放松，立根原在破岩中"。凭着那一份坚韧不拔，默默地熬过了那漫长而平凡的 3 厘米岁月，才最终屹立于天地之间，不畏风雨，不惧酷暑严寒。

只是，在人生的旅程中，能够像竹子那样默默地坚守 3 厘米平凡岁月的人并不多。对成功的急切渴望，往往淹没了人们的耐力，因为无法坚守最枯燥的平凡，所以在成功到来之前，那些意志力薄弱的人往往已经选择了放弃。

通往成功的路上永远都不会是一帆风顺的。多年前，当马云决定发展互联网经济的时候，中国的互联网还没有得到广泛的认可。但是他独具慧眼。曾经，他向别人谈到用互联网进行购物的时候，总是遭到别人的嘲笑。然而，他始终坚持着心中的梦想，毅然决然投身于电商平台。

因为忍受过常人所无法想象的艰难，所以才能达到别人无法企及的成功。今天的马云，还有谁会说他当初的决断是错误的？没有人可以随随便便成功，童话只存在于传说的世界，在我们的生活中，一切都是现实的。就像那小小的竹子，如果它在那平凡的四年里选择了放弃，也就没有第五年的飞速生长了。

只要是生长在自然界中的树，在接受阳光普照的同时，也避免不了风吹雨打。只有坚韧不拔，才能立根于大地，不为风雨折腰。

真正的正义是经得起考验的。就像那些丧生于敌人枪口下的革命烈士，无论敌人用怎样卑劣的手段来使他们屈服，他们始终坚守着心中的信仰，毫不畏惧，从容赴死。

无论面对怎样的境遇，我们都要心怀美好，相信希望就在前方。每一份成功都是来之不易的，只有脚踏实地地去做，才能实现心中的愿望。

第二章

用抱怨的时间，做该
做的事情

对自己的宽恕，是对人生的救赎

在我们的生命里，总是会遇到一些不可预知的困难与障碍。谁也不知道，下一秒会发生什么，会遇到什么人。世间的一切，都是在不停地变化着的。整个世界都在变化，我们又有什么理由墨守成规呢？钻出思维的牛角尖，是对自己的宽恕，也是对人生的救赎。

人生不如意事十之八九。考试的失利，朋友的背叛，爱情的失败，抑或是钱财失窃等，这些不如意的事情就像一个个噩梦，让人头疼不已。在面对这些不如意的事情时，有人深陷痛苦与悔恨的深渊中，很长时间内都在抱怨命运的不公，也有人淡然处之，忍着痛，咬着牙，却从不向人暴露自己的伤口，痛定思痛，勇敢地继续前行。

哲学家赫拉克利特曾说过："人不能两次踏进同一条河流。"不如意的事情本身并不可怕，可怕的是自己将痛苦无限放大，让失败重演。总有人死死地执着于已经失去的东西，比如与心爱的人分手，结果很长时间都郁郁寡欢，整个人都变得落寞沮丧。每天沉浸在对过去的回忆中，结果越是拼命回忆，便越是痛苦不堪。那份执着如同淬毒的匕首，将他的快乐与幸福完全割离。泰戈尔曾说过："如果你因错过太阳而流泪，那么你也将错过群星。"

其实，你能找到理由让自己难过，就一定能找到理由让自己快乐。很多人所承受的痛苦，其实都是自己给的。因为过于执着，痛苦被放大了无数倍，以至于最后所痛苦的已经不是因为事情的本身，而是因为自己的内心。所谓"慧极必伤，情深不寿"也是这样的道理。

很多东西都会习惯成自然，痛苦也是一样。如果你每天保持快乐的心情，那么快乐就会成为一种习惯。如果你每天将痛苦悬于心际，那么痛苦便会成为一种巨大的负累，挥之不去。

这样折磨自己，又是何苦呢？

有人把自己锁在痛苦的枷锁里，对过去的种种伤痛无法释怀。不知今夕是何夕，更多的时光都染上了痛苦的颜色，真的值得吗？与其躲在一个人的灰色世界里悼念回忆，不如走出来，伸出双手迎接更美好的明天。

痛苦会给人带来很多负面的影响。最直接的，或许就是心情的抑郁。这种抑郁会积压在心里，如同千斤巨石，让人无法喘息。人的双眼所看到的世界，其实也是自己的内心世界。当你心怀美好时，看到的便是阳光灿烂的世界，当你郁郁寡欢时，看到的就是晦暗忧郁的世界。常言道"笑一笑，十年少；愁一愁，白了头"，如果心灵长时间遭受这种折磨，原本应该美好快乐的生活也会变得糟糕。

除了精神上的影响，痛苦也是身体上许多疾病的源泉。当你沉浸在痛苦中不能自拔时，身体对疾病的免疫力也在悄然降低。在经济飞速发展的今天，患抑郁症的人越来越多。社会的快节奏也许是其中一方面的原因，但精神上的超强负荷也是重大诱因。

其实，很多事情，只要你看开了，它对你的威胁也就自动解除了。

每一个人都应该做精神的主人，而不应该成为灵魂的奴隶。我常常听到别人说这样的话："那件事给我留下了巨大的阴影，我这辈子都不会忘记。"其实，巨大的阴影并不可怕，可怕的是你一辈子都为那一件事而耿耿于怀，走不出来。

有一次，我出门的时候忘记了关窗，回家时发现屋子里飞进来一只小麻雀。那只小麻雀不停地用头使劲地撞玻璃窗，整块玻璃都被撞得乒乒乓乓地响。我能看出，小家伙已经使出了最大的力气，但无论它如何努力，结果还是无法穿破玻璃，飞到它明明看在眼里的天空去。

其实，只要小麻雀转个弯，旁边就是开着的窗户。

生活中，很多人都犯了和那只小麻雀一样的错误。我们不仅要努力地往前走，要坚持，要勇敢，而且在前进的路上，不能一味地执着于自己最初的选择而不知道变通。

世间的一切，都是在不停地变化着的。整个世界都在变化，我们又有什么理由墨守成规呢？

走出定式思维的桎梏，是对自己的宽恕，也是对人生的救赎。

我们都知道"郑人买履"的故事。这个郑国人只相信预先量好的尺码，连用来穿鞋的脚都不肯相信，可见其固执到了极点。这种钻牛角尖的人，可谓是钻到了极致。人们常常把"郑人买履"当成一个笑话来听，却没有意识到，很多时候，我们自己也常常会上演"郑人买履"的故事。

早在多年前的小学时代，老师就经常告诉我们：一定要活学活用，不要死记硬背。论起道理，每个人都知道得不少，只是做起来就比较困难了。就像上学时，我们早已将数学公式背得滚瓜烂熟，但是做题目时却从来想不起什么公式，直到有人点醒，才恍然大悟。

我曾看过这样一个测试题，如果是你，你会怎么选呢？

在一个雨天，你开着车同时遇见了三个人：一个是你的梦中情人，一个是情况非常危急的病人，一个是曾经有恩于你的医生，而你的车除了司机外，只能载一个人。这时候，你会怎么做？

面对这个问题，很多人都展开了激烈的思想斗争。选择梦中情人，那个危在旦夕的病人怎么办？选择病人，那医生会不会觉得我忘恩负义？选择医生，那这一生也许只出现一次的梦中情人可能就再也不会理我……

这似乎成了一个死循环。

其实，只要转动脑筋，就会找到另一条出路。

最合适的方案是：把车钥匙给医生，让他带着病人离开，而自己则留下来，陪着梦中情人一起等车。

人世间的一切都有着不同的方方面面。只是，我们常常站在一个角度，只看到了事物的一个方面，就像盲人摸象一般，摸到了耳朵就说是蒲扇，摸到了象腿就说是柱子。有些问题，如果你换一个角度，就会看到不一样的景象。

爱钻牛角尖的人常常不愿承认自己的错误。有时候就算心里明知道自己已经错了，但是碍于面子，还是羞于承认。

但是，人生在世，有谁能保证永远不会犯错呢？而有一些错误并非十恶不赦、无可救药。人生中最大的错误往往不是错误本身，而是将错就错、错上加错。

犯错误是痛苦的，但是承认错误更需要勇气。有人往往因为不愿接受这种痛苦，所以选择逃避，不去承认错误，反而故意把错误的当成正确的。人非圣贤，孰能无过？过而改之，善莫大焉。只有懂得承认错误的人，才能更好地走向成功。当你的生命之舟偏离了正确的航道，只有勇敢、及时地修正方向，才能避免误入歧途。

　　总有人呼天抢地地悲泣：我已经走到了山穷水尽的地步了，彻底绝望了。其实，只要让思维转个弯，就会惊喜地发现"柳暗花明又一村"。不要被思维的固定模式成为思考的枷锁，钻出思维的牛角尖，你会看到别样的精彩风光。

面对痛苦不抱怨，不逃避

在生命的某个渡口，总有一些不曾预料的伤害或痛苦等待你自投罗网。我们无法预计那些伤害会在哪里从天而降，所能做的，只有在伤害降临时保护好自己。

在这个世界上，痛苦可以通过很多种方式出现在人们的生活里。不过从广义上来讲，主要是两个方面：第一，肢体上的创痛；第二，心灵上的痛苦。

肢体上的痛苦，我们可以通过外在的医疗手段来疗伤，但是心灵上的伤害，只能用精神的慰藉来为自己舔舐伤口。很多时候，心灵上的伤害，远比肢体上的创痛更让人痛苦。面对残酷的现实，有人抱怨命运的不公，在人声鼎沸的地方大声尖叫着，来博取别人的同情。也有人选择沉默，寻一个安静闲适的角落悄悄地为自己疗伤，不让别人知道，也不需要别人的怜悯与同情。

笑而不语是一种豁达，痛而不言是一种修养。我经常在微博和朋友圈里看到有人发"状态"："不小心把手擦破皮了，好痛啊！""削苹果削到手了，疼死了！""可恶的蚊子，在人家胳膊上咬了这么大的包！"……然后，还要配一张"血淋淋"的伤口图。

起初，我还常常看到大家的评论："怎么这么不小心？""注意点啊！""让人心疼！"……但是过了一段时间，我就很少看到这样的评论了。他们依然忘情地发着自己受伤的"状态"，感冒、打针，必须来一条"状态"向世界宣布一下自己又生病了。好像在他们的生活中，这种受伤成了一种常态，每一天的生活都是阴云密布似的。

当你受伤的时候，是第一时间处理伤口，还是先拍照发条"状态"呢？

其实，保护自己才是最重要的，何必揭开自己的伤口让别人欣赏，痛的只是自己，别人纵然同情，也无法代替你去痛苦。

你的哀告与抱怨，表面上得到的是同情，但实际上，在你不知道的地方，还隐藏着很多不为你所知的嘲笑与幸灾乐祸。就算有人表面上对你报以假惺惺的同情，心里却在为你的受伤而高兴。

日本著名画家、诗人竹久梦二的《出帆》里有这样一段话：你是什么人便会遇上什么人；你是什么人便会选择什么人。总是挂在嘴上的人生，就是你的人生，人总是很容易被自己说出的话所催眠。我多怕你总是挂在嘴上的许多抱怨，将会成为你所有的人生。

伤害本身并不可怕，可怕的是伤害带给你的心态。很多人的失败，都不是被伤害打倒的，而是被自己的心态击败的。如果你相信幸福的力量，如果你的心里有一轮明媚的太阳，再大的风浪也无法撼动你坚毅的步伐。

喜欢向别人抱怨自己受伤的人，也更容易忌妒别人的幸福。他们常常这样觉得："他有什么优点，有什么资格得到这些？"其实，世界是一面镜子，你看到的状态，就是你内心的折射。就像中国台湾著名作家、评论家李敖说："新女性自己愈不值得爱的时候，她们愈抱怨别人不值得爱。"

我们完全没有必要把关注的焦点放在别人身上，却忽略了自己的生活。与其喋喋不休地抱怨，不如好好地审视自己，找出自己的症结所在，然后认真改正，避免以后再犯同样的错误，同时也避免了以后受同样的伤害。

抱怨除了会消耗你的精力、腐蚀你对生活的热爱与耐心以外，便没有任何作用。抱怨从不会为谁指点迷津，也不会昭示成功的方向，更不会让痛苦减少半点半分，恰恰相反，它只会增强心灵的痛苦，让你越抱怨越觉得这痛苦如此强烈，然后越来越喜欢抱怨。

经常性地抱怨，会让你的生活变成一个恶性循环。日久天长，便会成为一种习惯，以至于你在抱怨，自己都不觉得。受伤之后，第一时间想到的不是如何疗伤，而是马上向别人抱怨一下。

　　有一次公司组织培训，我认识了在另一所分公司就职的魏姐。虽然与她仅有一面之缘，但是她的经历与心态却给了我极大的震撼。

　　魏姐大我五岁，但是却比我晚三年入职。在大学毕业到参加工作的那几年时间里，她一直是一个全职太太。

　　她是典型的"毕婚族"，大四那年，她一手毕业证、一手结婚证离开了学校，从此开始了衣食无忧无所事事的贵妇生活。

　　同学们简直羡慕得要死。起初，她也觉得自己的生活美极了，但是没多久，这种甜蜜幸福的生活就被一次又一次的争吵打破了。

　　争吵的原因很简单：丈夫的应酬很多，每天都回来得太"早"——早到什么程度呢？经常都是凌晨时分。

　　魏姐每天的工作就是寻找各种花样来打发时间，然后满心欢喜地等丈夫回家。然而，她等待的时间越久，往往也意味着丈夫回来后两个人的争吵就越激烈。

　　她开始抱怨，无休止地抱怨，一个20多岁的妙龄少妇，竟像是一个已经步入了更年期的女人。她和公婆抱怨，和父母抱怨，和朋友抱怨，甚至买衣服的时候会和店员抱怨。回忆起那段不堪回首的时光，魏姐哈哈笑道："那时候就像得了场严重的精神病，满脑子都是老公大半夜醉醺醺回来的样子，于是越想越生气，越生气越要发疯。"

在魏姐结婚的第二年，她怀孕了。这个消息让她喜出望外，与丈夫之间的裂痕，也渐渐弥合。只是，这个喜讯就像一针兴奋剂，只是给这个家带来了短暂的喜悦。当这种兴奋劲儿过去之后，丈夫又回到了夜夜晚归的状态，最过分的时候，竟然整日整夜地不回家。

抱怨就像一种对自己的诅咒，你把自己的人生说成什么样子的，以后的生活就会过成什么样子的。当魏姐又开始喋喋不休地抱怨时，命运也悄悄地发生了霉变。

没有哪一个男人能忍受自己的妻子每天都在不停地抱怨，无论他有多么爱这个女人。一次深夜，魏姐的丈夫照例很晚回家，而且浑身酒气。左盼右盼，终于盼得丈夫归来，魏姐不是欢喜，而是劈头盖脸地一番指责，然后哭诉自己等待得有多辛苦。

然后，两个人理所当然地发生了一场剧烈的争吵，理所当然地摔了很多东西，整个房间满地狼藉。魏姐大声地哭闹着，几乎忘了自己是个身怀六甲的大肚婆，挺着肚子就夺门而出。

清清冷冷的大街上，只有她一个人像个游魂般漫无目的地走着。她以为丈夫会追出来，然而却没有。大街上很冷，她想回家，但是又不愿意主动低头，就这样倔强地坚持着，也痛苦着。

男人与女人的争吵，无论女人多么无理取闹，大多都是以男人的主动认错收场的。不过，就算男人认错，女人也往往要继续端着架子，吵闹一番，才算罢休。所以，当丈夫终于出现在魏姐面前时，魏姐虽然心里激动，但是脸上还是装出一副无所谓的样子，并坚持不和丈夫回去。

男人的耐性总是有限的。魏姐的丈夫终于忍无可忍，准备强行把她塞进车里。就这样拉拉扯扯间，魏姐感到一阵剧痛从腹中传来，疼得她一下子跌坐地上。她再也不敢坚持，也没有力气再坚持，乖乖地跟着丈夫去了医院。

悲剧就这样没有任何预兆地发生了，她流产了。

魏姐深深地沉陷在巨大的丧子之痛中，至于丈夫的晚归，她再没有任何心思去考虑。那件事给了她巨大的触动，"如果我不抱怨，那天我们也不会吵架，也就不会失去孩子。"回想起那一夜，魏姐有说不出的苦楚与剧痛。正在我想着怎么安慰她的时候，她又继续笑着说道："或许这个孩子的到来，就是想让我改变的。他用自己短暂的生命，改变了我的一生。"

魏姐决定不再过那种颓废萎靡的日子，她决定工作，不为赚钱，只为充实自己，改变自己的生活状态。

没多久，她就进了那所分公司，并从一个小小的职员，很快就坐到了经理的位置。

她不再抱怨，将以前的那些灰色生活彻底埋进了历史。她不再是那个衣来伸手饭来张口的贵太太，也不再是那个喋喋不休抱怨这抱怨那的怨妇，而是一名精明干练的职场女强人。

当她不再抱怨，幸运女神似乎也眷顾了她很多。丈夫虽然依旧时常晚归，但总是想着法地哄她开心，给她带回各种各样的小礼物。每天晚上，她也不再像以前那样非要等丈夫回来才睡，如果丈夫回来得太晚，她就一个人先睡。"一觉到天亮，发现老公不知什么时候已经躺在身边了，那种感觉真好。"魏姐幸福地说道。

听魏姐的故事，让我觉得像是看了一部励志小说。每一个受人们喜爱和欢迎的人，都不会是一个爱抱怨的人。当魏姐成功地摆脱抱怨的阴影时，也摆脱了从前的那种晦暗人生。

你经常说什么样的话，就意味着你的人生将会是什么样的，因为说话的核心，就是你关注的焦点。如果你关注的是一种抱怨的心态，那么生活就会在抱怨中周而复始地恶性循环，如果你关注的焦点是积极阳光的心态，那么人生将在明媚的岁月中起航扬帆，宏图大展。

当生活给予你责难的时候，请保持绅士的风度，不要为痛苦而抓狂，不要以为这样会博取别人的同情，那只会让别人感到滑稽可笑。总会有那么一些波折与伤害，是我们无可避免的。当我们不能预料危险会在哪里出现的时候，唯一能做的，就是武装好自己，这样才能在逆境里临危不惧，勇敢地与困难较量。

如果你是一个强者，偶尔的一次磨难则是一笔财富，它会激励着你勇往直前，更加坚定地追逐心中的梦想。但是，假如你是一个弱者，偶尔的一次磨难便是一次巨大的打击，会让你萎靡不振，踯躅不前。

我们要做一个生活的强者，无论有多少艰难险阻，请保持乐观的心态。生活中的很多问题，如果你不去主动解决，那么长此以往，你本身就会成为一个巨大的问题。

乔治·费多年轻时立志要做一名出色的剧作家。这个梦想在他心中扎了根，再也放不下。然而，社会并不承认这个年轻人，他的作品始终得不到剧团的赏识，就连一些不知名的小剧场也不愿意排演他的剧本。

一次又一次的碰壁，给乔治·费多带来的不是沮丧与失望，而是更加热切的激励与希冀。他从不曾停下自己的脚步，只要有机会，就一定很努力地去推销自己的剧本。功夫不负有心人，终于有一家小剧场同意排演他的喜剧。

然而，那时候乔治·费多只是一个毫无名气的剧作者，在观众看来是完全陌生的，他们没有表现出多大的兴趣，所幸门票价格低廉，才保证了一半以上的出座率。

然而，这不是成功的征兆，恰恰是又一场失败的开始。演出开始后，观众对于糟糕的剧本与演员毫无表情的演出非常不满，演出到一半，喝倒彩的声音已经此起彼伏，甚至远远超过了舞台上演员的声音。

演出结束，观众们摇着头叫骂着离开。偌大的剧场里，只剩下乔治·费多一个人羞愧难当地瘫软在舞台上。

这种强烈的打击，很容易让一个人丧失信心，意志力薄弱的人，很可能就此放弃创作剧本，转投他行。但是乔治·费多并没有放弃。他快速地调整好自己的心态，从那场失败的阴影中走出来，开始了新的创作。

后来的乔治·费多成了法国著名的戏剧家，在全世界的戏剧圈子里也有着举足轻重的地位。他创作了大量的叫好又卖座的滑稽戏剧，受到了人们的推崇。他的成功，正是建立在那些痛苦与失败的基础之上的。他后来创作的《马克西姆家的姑娘》在整个法国都引起了剧烈的轰动。不过，即便是这部著名的剧作，在试演的时候也遭到了很多外界的讥讽。

那是在一个很小的剧院里，观众看着台上的演出，纷纷叫骂、喝倒彩。愤慨不已的乔治·费多，干脆跑到观众最多、嘘声最大的地方去也跟着喝起倒彩来。朋友发现了乔治·费多的失常，慌忙把他拉到一边问道："乔治，你疯了吗？"

乔治·费多微笑着说道："我没有疯，只有这样我才能最真实地听到别人的辱骂声，我才能坚定信心搞好创作，才能写出更好的剧本。"

生活中，有多少人敢于为自己喝倒彩？一个人，只有坦然接受了失败，才能毅然走向成功。很多人在逐梦的路上停滞不前，往往不是因为自己还不够努力，而是因为不肯接受自己的失败，不愿面对自身的缺点与问题，结果问题一点点扩大、蔓延，甚至长成了思维的枷锁。

痛苦并不可怕，可怕的是没有面对与接受的勇气。有人喜欢在受伤后麻痹自己，喝酒、吸烟，总以为这样就能忘记痛苦，殊不知，就算你真的感觉不到那种疼痛了，但是伤口依然在流血。

保持一份宁静的心态，宠辱不惊，微笑着看人世间的风风雨雨。在困苦面前，我们无须抱怨，也无须逃避，只要勇敢一点，乐观一点，敢于直视问题的根源，就一定会走出困境，摆脱痛苦的侵扰。

这个世界里有繁花似锦，也有暴雨狂风。不要被短暂的、偶尔的晦暗蒙蔽了双眼，我们看到太阳的日子总比看见乌云的日子要多很多很多。生活里，我们无须抱怨，因为在问题面前，抱怨永远是最无济于事的。给心情一片晴天，也是给未来一个希望。擦干眼泪，走出那个灰色的小屋，你会看到不一样的蓝天，会看到这个世界依然花开绚烂。

第三章

与犹豫相比，出发永远是
最正确的选择

受过伤，尝过苦，领悟的才是人生

少年不识愁滋味，却最喜欢谈人生。随着岁月流逝才慢慢懂得，人生总要迈过一些沟坎，经历一些遗憾，领悟一些迷茫，才能参透一二。

数十载光阴，便是一辈子。青春义气，像是最美好的绝版电影，老了回忆起来，是沉甸甸的财富。那时候总觉得世界尽在脚下，没有什么解决不了的困难，没有什么征服不了的高峰。未来，就是心里振聋发聩的年轻宣言。

脚下没有白走的路，现实磨去棱角，开始学会用心如止水掩饰波澜壮阔，开始明白生命的本质注定是有缺憾的，方才摸到了领悟人生的一点边角。

在徐志摩身边的日子，对张幼仪来说每一天都是煎熬。她是大家闺秀，有不错的家庭背景，也有落落大方的仪态、端庄秀美的容貌。可是令她挫败的是，在丈夫的眼里，她是个不折不扣的土包子。

这或许就是宿命吧。徐志摩是当时第一批接受西方文化的知识分子，对于传统老式的东西有一种抵触心理，所以面对这位旧式婚姻强塞给他的女人，他都懒得正眼去看。

张幼仪很痛苦，在徐志摩的身边，自己就像个可有可无的透明人。她想过要去迎合，但是每次都失败，反而可笑得像个愚蠢的女人。

最担心的事情还是发生了，徐志摩爱上了灵动的新式女子林徽因。他眉眼间的神采，是她不曾见过的。他要与她离婚，还要她去打胎，她经常守着一个人的房间，等不到一丝音讯。这是一个女人最大的悲哀，她的心，尝遍了这滋味。

当他决定离开的时候，她反而觉得轻松了。

曾经认为，这是不可想象的灾难，是她一辈子最不想面对的事情。而那一刻真的来临的时候，也没什么大不了。

她收起眼泪，背起行囊，走向人生的另一段征程，而在这故事的后半段，她实现了人生的逆袭和转身。

喜欢上张幼仪的那一年，我也接受了很多现实，也发现了一些简单朴素的道理。战胜自己并不是一件很困难的事，就是那么一瞬间的咬紧牙关，或许就走向了生活的另一个向度。生命有很多活法，而活在别人的规则和眼光里，是最可悲的事。要想实现自我，首先要学会顺应自己的内心，听从自我的指引，而年轻时的那些不理解和不顺利，反而会成为助推的一股力量。

张幼仪不是一个好命的女人，所以她丢掉了第一段婚姻。可是她心里总有自己的坚持，离婚后，始终对徐志摩的父母尽孝，甚至在徐志摩意外逝世之后，还打理了他的后事。所以，当她蜕变成一个成功的事业女性，并获得了幸福婚姻之后，世人对她竖起了大拇指。而这其中的含义，不仅仅是针对她的成功，还有她的为人。

这种精神，才是贵族精神。一个人认真做事，诚恳待人，即使没有任何观众也可以。胡适曾经说过，张幼仪，没有任何一个人，说过她的一点不是。一个有着这样的人品的人，没有理由不能逆袭最后的人生。

我的朋友小茹是个双鱼座女孩，她多才多艺，漂亮能干，当然也有双鱼座的情绪善变。毕业三年，她通过自己的努力，成为了公司的中层，并且是中层中年龄最小且薪资最高的那一个。

她说，很多人都在质疑她凭什么，所以她更要加倍努力，证明自己。

事情并不总会按照剧本进行，努力也并不一定会换来好的结果。因为不成熟地处理了一位员工的离职，这位员工从中做了手脚，让所有的客户都来闹事。公司发生了史上最大规模的投诉事件。而无论真相如何，她都是责任承担者。

仿佛一夜之间，所有的努力都白费了。她恍惚觉得，大厅里悬挂的客户锦旗，记忆中那些称赞的笑脸，都是做梦一样。世界变得虚实难辨，她迷失了自己。

她因此哭过，抱怨过，愤怒过。一切归于平静，变为他人口中的茶余饭后。她也意识到，她不能栽倒在这件事上，要因此而成长。

她汲取了教训，反思了自己不成熟的处理方式，勇敢地回到原来的岗位上，顶着所有人的质疑继续工作。她明白，此时逃避，就将是一辈子的坎儿，此时迎战，这就是人生的一个小插曲。

她走过来了，成为了更好的自己。

拥有一帆风顺的人生未必是一件好事，经历挫折，才会思考，才会反思，才会成长，才会蜕变。世界本来的模样渐渐清晰，我们收起眼泪，长大成人。

成功的人生需要你果断抉择，努力坚持

很多次，我站在人生的岔路口上怅然若失。在我们的一生中，总会遇见很多次必须做出的抉择。鱼和熊掌不可兼得，就像你脚下的路，无论可选性有多少，最终要走的，只有一条。

古希腊的著名哲学家苏格拉底曾把学生带到一块成熟的麦田前，并告诉他们，我们来做一个游戏，看看谁能摘到麦田里最大的麦穗。游戏规则是只许前进不许后退，最终的胜利者会得到特别的奖励。

苏格拉底说完，就走向了麦田的尽头。学生们很高兴，都觉得这是非常简单的，开心地走进麦田里仔细搜索起来。

然而，进了麦田之后，学生们才发现，要想找到那株最大的麦穗何其难！麦田里有成千上万株麦穗，每一株大小都差不多。大家看看这株，又瞧瞧那株，始终拿不定主意。有时候，他们发现了一株比较大的麦穗，想摘下来的时候，又担心后面还会有更

大的，于是想一想，就决定继续向前找。反正到麦田尽头还有很远，麦穗多得很。

就这样，他们一路走，一路找，一直走到麦田的尽头，大家依然是两手空空，没有一个人找到满意的麦穗。

苏格拉底看着垂头丧气的学生们，笑着对他们说，这块麦田里一定有一株最大的麦穗，但是你们不一定看得见，即便看到了，也无法准确地判断出来。所以，摘到你们手中的那一株，才是最大的麦穗。

人生也正如一场摘麦穗的旅程。很多人都以为，往前面走，机会还有很多很多，不用急。然而，那些稍纵即逝的良机被他们纷纷错过，当他们想挽回的时候已经来不及了。

人生路上，我们总要做出许许多多的选择，关键在于你怎样选择。有人因为选择太多而犹豫不定，脚踩好几条船不肯放松，结果不仅没有渡成河，反而会因为站不稳而从船与船之间的缝隙里坠落河中。

面对人生的众多麦穗，我们必须及时做出抉择。

意大利著名歌唱家帕瓦罗蒂小时候曾在作文中写道：我有两个愿望，第一个是当一名受人尊敬的教师，第二个是当一个著名的歌唱家。

帕瓦罗蒂将自己的作文拿给父亲看，满怀希冀地等着父亲的赞赏。但是父亲看后，慈爱地摸了摸他的头，语重心长地告诉他："孩子，你必须在当教师和歌唱家之间做出一个选择，这就好比你同时坐在两张椅子上，很可能会从椅子中间掉下来，要想坐得安稳，坐得舒适，你就只能坐一把椅子。"

在父亲的建议下，帕瓦罗蒂选择了唱歌，并为这个梦想而努力着，多年以后，他终于成了誉满全球的意大利男高音歌唱家。

做好人生中的选择，有时候比努力还要重要。不管你可选的范围有多大，你一定要及时做出自己的选择，不要在麦田的尽头懊悔不已。

30岁是人生中的一个界碑，古人讲究"三十而立"。在而立之年，回首过往的种种，我有时感慨，有时庆幸，有时惋惜，避免不了的，有时也会遗憾。

2007年，我大学毕业。与很多同学一样，我也曾徘徊在考研与工作之间拿不定主意。不过，在这个迷茫的群体之中，总会有那么几个特别清醒的，从来不会为未来而感到迷茫。他们总会披荆斩棘一路向前，勇敢地奔走在自己的筑梦路上。在同学之间，他们往往成了大家膜拜的偶像，也成了学弟学妹们学习的榜样。

圆圆无疑就是这样一个人。

这个名字一定会让很多人想起那个被吴三桂爱得死去活来

的陈圆圆。的确，圆圆的名字就是从这里来的，是大家赐给她的"雅号"。

只是此圆圆非彼圆圆。除了同样的姓氏，她与历史中那个国色天香倾国倾城的圆圆几乎搭不上边。她是个"滚圆滚圆"的女孩子，走起路来，身上的肉总会有节奏地跳动。一副厚厚的眼镜永远架在鼻梁上，那厚度仿佛在昭示着她脑中蕴藏着巨大的知识宝藏。

因为她的身材圆滚滚的，又姓陈，所以大家开玩笑叫她"圆圆"。她也不反对，笑眯眯地就接受了这个名字。

我还记得大一刚开学的时候，每个人都到前面做自我介绍，有的同学也会顺便说一说自己的理想。圆圆平时不怎么说话，但是一旦说起来，就会口若悬河地说个不停。刚开始，我们还都以为她是个沉默的小胖子，但是当她站在讲台上，口中妙语连珠地讲起来，那慑人的风度，那威严的气势，一下子就把我们彻底征服了。她的表现出乎每个人的意料，而她的梦想，更是让我们一下子觉得自己都卑微到了尘埃里。

圆圆一字一顿地说："我的梦想不大，只要考上北大的研究生，就行了。而且，我会为这个梦想一直努力，决不放弃。"她说得那么干脆，那么清晰。我知道，那一定是酝酿了好久的梦想，不像一些同学，说到梦想的时候总要临时编一个。

就像圆圆自己所说的那样，从上大学的第一天起，她就为这个梦想开始了奋斗。

那时候，学校里流行着这样一首打油诗：

大一生龙活虎，大二花前月下。

大三看破红尘，大四夹包走人。

第一次听学姐说起时，我和几个朋友狂笑不止。但是后来才慢慢发现，这四句看似无厘头的打油诗，其实囊括了很多内容。每一个步入大学的新生都是怀揣梦想的，都满怀激情，期待着大显身手，好好表现一番。但是很多人都因为自控力太差，没有坚持多久就放弃了。有的人谈一场恋爱，便把什么梦想什么豪言壮语完全抛到了九霄云外。失恋之后，才发现人去楼空，爱情没有了，斗志也不复存在。当毕业的钟声敲响，便随着汹涌的人流告别校园，走向社会。

有多少人，能够把自己的一个梦想、一句誓言坚持到底，不忘初心呢？

我还记得，那时候有个英语讲座，我和圆圆一起去听了。那位意气风发的老师说："日积月累地学习，会产生惊人的效果。在座的同学们，如果你们每天背3个单词，十天就能背30个，一年就能背1095个，整个大学四年，你就能背4380个。"

大家纷纷鼓掌表示赞同。那位老师为了调动气氛，大声地问道："同学们，你们有没有勇气每天背 3 个单词？"

"有！"全场的人爆发出震天的誓言。那火爆的场面，简直有些像传销组织了。一大群满怀豪情的新生，许下这个诺言的同时，仿佛就已经看到了那个说着一口流利英语的自己。

只是，真正坚持下来的，实在是寥寥无几。所以有人说，成功路上并不拥挤，因为坚持的人不多。

那时候我还觉得，一天背 3 个单词，岂不是太轻松了，对我来说背 6 个也不是问题。于是，我和圆圆一起坚持背单词，每天她都会背 3 个，而我一直坚持背 6 个。

遗憾的是，我只坚持了半个学期，就不知不觉地放弃了。当假期来临时，我完全忘记了背单词那回事。而圆圆，却把这件事当成了自己的一种习惯，一直坚持了整个大学四年。

有些时候，我们会过分地低估自己，有些时候，我们也会过分地高估自己。

一直以来，我特别钦佩那些有梦想的人。他们的目标非常明确，有着自己清晰的人生规划，甚至在多大的年纪要达到多高的标准都有明确的计划。

而圆圆，正是这些人中的一个。整个大学四年，她都泡在学校的图书馆里。每逢假期，总要借上一摞书回家去看。有时候，我们想找哪一本书却找不到在哪儿的时候，便给她打个电话，问她知不知道那本书在哪儿。而这个时候，她总会不负众望地告诉我们，那本书在 X 楼第 X 图书室 X 号书架上，有时候甚至连第几排的什么位置都能清晰地告诉我们。

我觉得，仅仅是用"学霸"来称呼她，已经不能彰显她对学习的疯狂状态了，应该叫"学魔"更贴切一些。

大三是一个转折点。打算毕业后工作的同学都忙着做简历，练习自己的专业技能。打算考研的同学则忙着上考研班，想尽方法寻找各种考研资料。

还有一部分"骑墙派"，在考研和工作之间左右摇摆。他们一面心不在焉地做着考研题，一面又盯着校园招聘的信息。我受圆圆的影响，也跟着她泡了一段时间图书馆。虽然对我来说学习不是问题，但是每每听说班上的某某某签了个多好的工作，我的心就开始蠢蠢欲动了。我想，我与圆圆最大的差距，就是定力。

圆圆可以在图书馆的一个角落里一坐一整天，不管别人怎么和她讲工作的好处，她绝不会产生任何动摇。所以，每当有校园招聘会的时候，她从来不会到场。当然，这对那些找工作的同学来说也是一件好事，因为少了一个强大的竞争对象。

一开始，我还能沉得住气，但是几场招聘会过后，我终于坐不住了。当又一场校园招聘会开始时，我和一大拨同学一起挤进了招聘会场馆。

不知是命中注定还是人品爆发，我竟然在同学们的无比惊羡中通过了面试，然后顺理成章地放弃了读研。其实，每一种选择都未必完全正确，就像一把双刃剑，我们常常只看到了朝向外面的锋利刃口，却忽略了还有一面是朝向自己的。

现在想想，无论是工作还是考研，都有各自的利弊。我会为曾经阴错阳差地放弃读研而遗憾，也会为顺其自然地工作而庆幸。这个世界本来就不是完美无缺的，人生也是一样。有时候，留一点遗憾未必是糟糕的，人生反而会因为这一点遗憾而更加美好。

我们都以为，圆圆一定会如愿以偿地考上北大的研究生，然而命运却和她开了一个大大的玩笑。那一年，圆圆以 2 分之差与北大失之交臂。

这个消息让我们震惊不已，而更让我们震惊的是，班上有几个平时成绩很一般的同学，却顺顺利利地跳过了考研这道龙门。有 6 个考上人大的，还有 2 个考上北师大的，还有几个留在了本校。

我们都觉得，是圆圆报得太高了。如果她考人大、北师大或本校，都是绰绰有余的。

谁也不知道圆圆在得到消息的那几天是怎么过的。她的电话一直是关机状态，那时候我已经在公司上班了，虽然很想亲自回学校找找她，但是毕竟刚上班没几天就请假不太合适，我只好作罢。

其实，就算我回学校找她，也找不到她的，因为那段时间她根本没在学校。

同学们纷纷猜测，圆圆会不会是疯了还是自杀了什么的。大家在 QQ 群里七嘴八舌地讨论，到底该怎么办，甚至有人都提出了报警。有个同学还在 QQ 空间上发布了一条寻人启事，配上了圆圆的照片，大家都疯狂地转发。

最后，还是班长出面解决了问题。他不知道在哪儿找到了圆圆父亲的电话，直接打电话过去问他知不知道圆圆的下落。

圆圆父亲的回答让我们都出乎意料，他说他家闺女天天都和他打电话呢，哪里就丢了呢！

这一下，我们终于放心了。

圆圆再次出现，距离她"失踪"已经有 8 天。原来，那些天她跑到北京去了，当然，最主要的是去北大。当她知道自己无缘北大的时候，有那么一瞬间，她感到万念俱灰。不过，圆圆比我们想象的要坚强得多，所以，她决定去北大感受一下，就当是自己已经考上了，去散散心。

她的电话终于打通了。在电话的那头，她兴冲冲地和我讲起这次北京之行，那兴奋的语气里，没有半点因为失败而颓废的样子。

"当我坐在未名湖畔时，……"

"你该不会是想跳下去吧？"

"去你的。我那时候是在想，明年，我就可以以一名北大学子的身份坐在这里了。"

"你还要考北大啊？"

"必须考啊，从我读大学的第一天，我就发过誓。"

……

当我放下滚烫的电话机时，我仿佛已经看见圆圆潇洒地走进了美丽的燕园。

时间周而复始，而岁月却一去不还。一直以来，圆圆都是我的榜样，她对梦想的执着，给了我很大的影响。所以当我决定坚持写作时，提起笔，就再也不曾放下。我非常庆幸，能在我的生命里出现这样一个坚强、坚毅而又执着的人，她就像一轮闪耀的太阳，总是能让身边的人感受到无限的正能量。

第二年，圆圆果然重回"沙场"，并顺利地考上了北大的研究生。

得到消息的时候，我异常激动，而圆圆却很平静。后来我明白，其实圆圆早就把自己当成北大的研究生了，所以消息出来的时候，她毫不意外，仿佛那场考试，只是北大举行的一个小测验似的。

有多少人，能够对梦想保持一种永恒的执着？无论输赢成败，始终坚守着自己最初的信念，一步步向前？每一条通往成功的路上，同行的人总会越来越少，因为到最后，坚持走下去的总是没有几个。所以，人们常常开玩笑把"胜者为王"一词改为

"剩者为王"。任何一条成功之路，都需要坚持，需要一种执着的精神。

在人生的岔路口上，我们总要做出决断。选择比努力更重要，有时候也会比努力更痛苦。任何一种选择，都有可能是利弊共存的，我们只能尽自己最大的努力趋利避害，将错误的概率降到最低。

第四章

忘记喧嚣，找到自己
内心的节奏

理解世界的本来面目，并依旧热爱它

世界是一个客观的存在，无论你多么疯狂地爱恋它或憎恶它，它都是那样无喜无悲地存在着。你所看到的世界，其实，只是你内心的折射。一双快乐的眼睛，总能看见繁花似锦，而忧郁的双眸，看到的却是黑云压城。

其实，这世界只是一面镜子，你所看到的，都是你内心所想的。

不要以为这是不切实际的唯心主义论，也不要急切地否定我的观点。请你想一想，当你悲伤的时候，是否能感受到春暖花开的绚烂？当你快乐的时候，是否能感受到枯叶含泣的萧索？你眼中的世界，总是随着你的内心变化着。

小时候，我们眼中的世界何其简单。甚至有那么一段时间，我以为世界上只有两个国家，一个是中国，一个是外国。现在想起，何其好笑。只是在笑的同时，却再也找不到幼年时代无邪的天真。

世界本是一张白纸，是我们为其填上了各种图案与色彩。

悲观的人眼中的世界是灰色的，暗无天日的，他们觉得处处都充满了危机与欺骗，不相信别人，也不相信自己，更不要说相信世界；乐观的人眼中的世界是彩色的，就算有风雨，他们也会坚信彩虹的出现，他们永远奋斗在梦想的前线，对生活总是信心满满。

美国芝加哥大学的心理学教授埃克哈特曾做过这样一项实验：他随机给参加实验的男女看一些情景不同的照片，然后观察他们瞳孔的变化。

虽然实验很简单，但是结果却很有趣。埃克哈特得出了这样的结论：不同的人在看到不同的照片时，瞳孔会出现不同的大小变化。比如，女性在看到抱孩子的母亲的照片时，瞳孔平均扩大了 25%。再比如，男性在看到女性的裸照时，瞳孔平均扩大了 20%。

可见，人类瞳孔的大小变化不仅会随着周围环境的明暗而发生变化，还会受到对所看到的事物感兴趣的程度的影响。

当你喜欢一个人的时候，你看到的就是他的优点，当你讨厌一个人的时候，则满眼都是他的缺点。如果你热爱这个世界，就算在三九寒冬，也会感受到暖暖的春意，相反，如果你讨厌这个世界，就算是在春暖花开时节，也无法融化心中的冰山。

2008 年，是我工作的第二年。那是一个不平凡的年份，多少人一生的欢笑与泪水，全部加起来还不及那一年的多。那一年，无情的茫茫白雪覆没了多少人回家的路，纵是咫尺之间，也成了天涯之遥；那一年，汶川发生 8.0 级大地震，瞬息之间，多少生命戛然而止，那一瞬的伤，为多少人刻下了一生的痛；那一年，奥运圣火在华夏大地上点燃，让多少人欣喜若狂，美轮美奂的鸟巢和水立方，成为了中国对外的新标志，也成为了华夏子孙新的骄傲……

那真是个不平凡的年份，纵使回忆一下，也会觉得动魄心惊。

那时候，我刚好有一个同事 A 家在震区。每个周末，她都会往家里打电话。就在前一天，她刚和父母打过电话，父母告诉她家里一切都好，不用惦记。然而第二天下午竟然祸从天降，家里的电话一直无法接通，她的心情糟糕到了极点。

那几天，公司领导特意让她在家休息，看电视、上网关注震区最新动态。单位的同事都非常担心她，轮番打电话问她情况。

每天下班后，我们会几个人结伴到 A 的住处去，顺便给她带些吃的。几天下来，A 瘦了一大圈，眼睛里满是焦虑。虽然我们没有看到她哭泣的样子，但却总能看到她眼角的泪渍。

终于在第六天，A 欣喜若狂地给大家打电话，说和家里人联系上了，家里除了财物损失外，没有人受伤。那天晚上，A 开心得要命，请了单位十几个人去吃饭。那一顿，几乎花掉了她半个月的工资。

A 笑着说："活着就好，钱什么的，都是次要的。"

那句话虽然简单，但却给了我深深的震撼。

只有经历过那种撕心裂肺的痛，才能把这句话说得如此风轻云淡又让人铭心刻骨吧！

有时候，这个世界会阴云密布，会骤雨狂风，但是也请你相信，这个世界也会有繁花似锦，也会有碧海蓝天。无论什么时候，都不要放弃心中的希望。上帝会听见你心中美好的声音，与其喋喋不休地抱怨生活中的种种不公，不如矢志不渝地相信自己心中的梦想。只有心中充满阳光，才能看到春暖花开。

当你爱着这个世界的时候，也就在不觉中爱着自己。踮起脚，你会更接近阳光。我们不能因为世界的某一点意外就将其全盘否定，就算是自己，有时候也会不小心犯一些错误。这个世界就像一个不停运转着的巨大机器，天地万物在这机器中生生不息。这架巨大的机器和所有的普通机器一样，也需要人们的保养，有时候也难免发生一些不可预知的故障。只要你好好地爱着它，它就一定会为你带来丰厚的回报。如果你对世界永远充满敌意，那么它也不会愿意好好地为你服务。

世界之所以五彩缤纷，是因为有不同的色彩映衬。因为尝过痛苦的滋味，我们才会更加珍惜来之不易的幸福。就像网上流传着的那句话，"生活就像心电图，一帆风顺就证明你'挂了'。"

平平淡淡的生活中，人们总是忍不住羡慕别人，直到跌落生命的低谷，才知道曾经的自己多么幸福。所以，当他们再次回归从前的平淡生活中，虽然和以前比没有变化，但是幸福指数却会骤然升高。

上帝总是公平的，他给谁的都不会太多。假如上帝为你关上了一扇门，一定会为你打开一扇窗。

有一位著名的欧洲女高音歌唱家，仅仅 30 岁就已经誉满全球。她有一个非常美满的家庭，丈夫疼爱她，孩子也很可爱。有一次，她到邻国去开演唱会，入场券早在一年前就已经被抢购一空了。当晚，她的演唱会开得也非常成功，得到了观众们的高度好评。

那一天，她的丈夫和儿子也到了现场。演出结束后，她和丈夫、儿子一起走出剧场，一下子就被早已等候在外的观众围了个水泄不通。大家纷纷赞赏她、羡慕她。有人羡慕她年少得志，大学刚毕业就进入了国家级剧院，成为了主要演员。有人恭维她25 岁就被评为世界十大女高音之一，真是年轻有为。还有人赞叹她能嫁给一个家财万贯的大公司老板，又有那么活泼可爱的小儿子……

歌唱家一直认真地听着人们的话，直到大家七嘴八舌地说完，她才缓缓地说："我非常感谢大家对我和我的家人的赞美，我也希望能在这些方面与你们共享快乐。不过，你们看到的只是我的一个方面，还有另一个方面你们没有看到。你们夸赞我的小儿子活泼可爱，却不知道他是一个不会说话的哑巴。在我的家里，他还有一个姐姐，是一个需要常年关在装有铁窗的病房里的精神分裂症病人。"

人们被这一番话震惊得不知所措，面面相觑，简直不敢相信，这样完美的一个歌唱家，怎么还会有这样不幸的一方面？接着，女歌唱家又说道："上帝是公平的，给谁的都不会太多。"

生活中，我们常常抱怨别人有什么而自己没有什么，却不知道别人也在做着同样的抱怨。你所拥有的，正是别人心心念念想要得到的。何必为自己没有的那部分而忧心忡忡，却忽略了自己所拥有的幸福呢？

只要你的心里没有让痛苦滋生的温床，只要你心中永远铺满阳光，就算人世险恶又怎样？童话故事里，向往美好的丑小鸭最终变成了美丽的白天鹅，而生活中，多少美丽的白天鹅却因为内心的晦暗而退化成了丑小鸭？

有一种悲伤叫作放大悲伤。也就是说，如果你把自己的悲伤无限放大，在这悲伤里开始人生的死循环，就会造成更加强烈的悲伤。这种痛，比伤口本身的痛还要剧烈。

其实，很多让我们感到困苦的事情，都只是小事情。只要你想一想，三年后你是否还记得这件事，这件事对你是否还会有影响，如果答案是否定的，那么就不要再为这件事困苦沉沦了。有人因为挤公交的时候被别人踩一脚而郁闷一整天，也有人因为刮破了心爱的衣服而心疼好几天，还有人因为别人的一句挖苦而记恨几个星期……

这些是何其不值！

伤害是别人施加给你的，但是心情的好坏却决定于自己，如果受了伤还要哭泣，岂不是在不幸上又添一层不幸？不如快乐一些，从容一些，微笑着看这人世间的纷纷扰扰与荣辱繁华，给心灵洒上一束阳光，给快乐一个机会，给幸福一个承诺。

要替别人着想，但为自己而活

"人之初，性本善"。我相信在每一个人的内心深处，都藏着一片善良的净土。"性相近，习相远"。在漫长的人生路上，有的人渐渐与善良背道而驰，不过，他们的心中依然保留着善良的本性。

那份善良如同开在尘世里的花，让整个人间芬芳绚烂，妖娆生姿。

孔子曾说："己所不欲，勿施于人。"当你厌恶一件事物的时候，就不要将这件事物强加给别人。我们要设身处地地为他人着想，不过，生活是自己的，无论你有多少顾虑，无论你为他人想了多少，你总要为自己而活。

你要记得，没有人可以取代你的位置。在这个世界上，你是独一无二的，只有你自己，才能开创专属于自己的宏伟人生。

我有一个大学同学 L，是个很优秀的女孩子。她一直留着长长直直的头发，笑起来有两个很深的酒窝，样子非常可爱。读大学的时候，很多男生追求她，她却始终无动于衷。一开始，我们还以为她有男朋友了，直到有一次在酒桌上，我们才知道，这里面有着一大段故事。

从高一时候开始，L就暗恋隔壁班上的一名男生。那个男生倒不是多么优秀，只是说起话来很是幽默，总能引得人开怀大笑。略有些内向的L，对那个男生倾慕不已。这种倾慕一直持续了整个高中，虽然很多次，她都想鼓起勇气去表白，但最后还是放弃了。因为她觉得，作为一个高中生，还是应该以学习为重，最主要的是，她不想打扰他，害怕会影响到他的学习。

那天，喝了不少酒的L难得地敞开心扉，和我们说了很多关于她和那个男生的事情。她常常会装作不经意的样子"邂逅"他，发现他总是最后一个去食堂，便也故意在同学都离开教室后才慢悠悠地出去，然后假装很意外地和那个男生一笑而过，要是能和他说上几句话，她会激动得一整天都像打了"鸡血"似的。

高考填报志愿的时候，L特意给那个男生打了个电话，问他报了哪所学校。挂掉电话后，就毫不犹豫地填了和他一样的学校。

我们都觉得，L的爱情几乎接近疯狂了，不去表白，真是太让人抓狂了。L说，当你越是爱一个人的时候，就越怕失去他，如果要我冒着连朋友都不能做的危险去表白，那我宁愿和他一辈子做朋友。

一起吃饭的几个同学给了 L 一个不约而同的评价：傻。

除了这个字，我们实在想不出别的来评价 L。其实，爱情是自己的，生活也是自己的，如果不去争取，那就永远都不会属于自己。L 一直天真地以为，总有一天，他会明白她的内心，会为她的真诚打动。事实上，这只是她一厢情愿的想法。

L 如愿以偿地和自己喜欢的男生被同一所大学录取，但是，她的爱情却遭到了无情的扼杀。大学开学没几天，那个男生就有女朋友了。

这个消息给了 L 沉重一击。一直以来，她都在梦想着自己能成为他身边的那个人，为了他，她可以做任何事情，但是他偏偏没有给她机会。

我不禁想起元好问的那句"问世间情为何物？直教人生死相许。"只是遗憾的是，L 的相思，只是单相思，那名被她爱得死去活来的男生，也许根本就不知道这一切。

当同学们都一对对沉醉在甜蜜的爱情之中时，L 也很想开始新的感情，忘记单恋的痛苦，然而，她却发现自己已经无法自拔了。在校园中偶尔遇到那个男生和他的女朋友在一起，她会笑着和他们打招呼，但是在转过身的一瞬间，泪水就流了满脸。

爱情本应该是甜蜜而幸福的，然而 L 的爱情，却给她带来了巨大的烦恼。在这场一个人的爱情纠葛里，如果她能早一点表白，或许，结果就不是这样了。很多被单相思折磨的人，都是因为自己太过懦弱或顾虑太多，结果错过了最佳的表白时期，让原本应该美好的爱情一梦成空。

生活中，我们的确需要为别人着想，但总要为自己而活。这一生的命运，掌握在我们自己手中，如果自己不去把握，谁来把握？

L的眼泪，让我明白了为自己而活的道理。我想起那句话：这个世界上没有人值得你流泪，因为值得你流泪的人不会让你流泪。不管你有多么喜欢一个人或一件事物，请不要忘记为自己而活的道理。在这个纷纷扰扰的世界上，太多的人因为看似深刻的爱而迷失了自我，忘记了生命最初的原则。

为自己而活，不是自私自利，而是恰到好处的抉择。如果你喜欢一个人，那就去表白吧，不要顾虑太多，趁着年轻，趁着一切还来得及，去轰轰烈烈地爱吧，不要等一切都成为过去，才知道后悔莫及。如果你喜欢一件事物，那就努力去拥有吧，趁你还喜欢它，趁你还有机会去得到。人的一生中，总会有许许多多让你喜欢的东西，如果每一次你都畏首畏尾地不敢去"奢望"，那么人生的意义还有多少呢？有人想去割双眼皮，年轻的时候，觉得太贵了，不舍得花钱；中年时候，觉得太忙碌了，没有时间；直到老年时候，终于有钱了，也有时间了，但是青春早已不在，皱纹爬了满脸，曾经那样强烈的割双眼皮的愿望，只能成为这一生的一场空想。

艾弗烈德·德索萨曾说过："跳舞吧，如同没有任何人注视你一样；去爱吧，如同从来没有受过伤害一样；唱歌吧，如同没有任何人聆听一样；工作吧，如同不需要金钱一样；活着吧，如同今日是末日一样。"

在漫长的历史岁月中，百年人生，只是弹指一挥间。在苍茫人世里，能够把自己的脚印深深地踏入历史中的，能有几人呢？大多数人，都是在生命陨落之后，就渐渐没有了痕迹，多年过去，茫茫人海中，已经没有人记得他。

这看似漫长实则短暂的一生，只有我们自己才能悉心把握。

我是个喜欢旅行的人，每到假期，总要出门旅行。假期长的时候，就去个远一点的地方，假期短的时候，就去个近一点的地方。从烟柳江南，到狂沙塞北，从唯美的青藏高原，到蔚蓝的海岸，从熙熙攘攘的东南亚，到薰衣草盛放的普罗旺斯……那些美丽的地方，到处都留下过我的脚印。

我常常听人说，"人生总要有一场说走就走的旅行"，然而，说这句话的人，却常常是个极少旅行的人。朋友总是无比羡慕地对我说："好想和你一起去旅行呀！"我笑着说："那就走啊！下次我们一起订票。"但是当下一次旅行开始的时候，他们总是有各种事情，"这次去不了了啊，我要去参加朋友的生日Party！""我给儿子报了个补习班，我要陪他去上课啊！""假期三薪，太诱人了，我先不去旅行了！""去那么远啊，我还是想去个近的地方。""什么？去国外？语言不通啊！还要办护照，太麻烦了！"……

对于那些五花八门的理由或借口，我只能摇摇头一笑而过。我相信他们是想去旅行的，只是顾虑太多。其实，人这一生真正属于自己的时间并不多，很多时间，我们要花在家人身上、朋友身上及工作上，真正能让自己放肆支配的，怕是只有少得可怜的假期。如果你渴望来一场说走就走的旅行，那么就马上去订票吧。一张小小的机票，可以放飞你的心，去实现你长久以来渴望却不敢践行的愿望。当你看着地面离你越来越远时，当你看着大片的云层从舷窗外轻盈而过时，当你看着阳光肆无忌惮地在云海上面翩跹起舞时，你会为自己的选择而感到庆幸。一场说走就走的旅行，不应该只是说说，而是应该趁你还有热情，趁你还心有渴望，就马上去践行。

为自己而活，活出生命的本色，活出专属于自己的风格。人生一世，如同白驹过隙，我们不求在人类的史书上留下多么绚烂的历史，只求在自己的生命中留下美好的回忆。让这漫长而短暂的一生，不负自己的心愿，不负美好的岁月。

每当我喜欢什么的时候，便总是想起 L。喜欢一样东西和喜欢一个人是一样的，如果你顾虑太多，很容易就会与其失之交臂。我总会为我喜欢的东西而努力，如果得到了，我会开心很长时间，如果没有得到，我也不会后悔遗憾。

不要让自己的青春留下遗憾。我始终相信梦想的力量，只要你矢志不渝地坚持心中的梦想，只要你愿意为梦想付诸努力，任何艰难险阻都不会阻挡你坚毅的脚步。

人生是自己的，不要被别人左右了你的人生，爱情也好，工作也罢，这一场人生，总要活出自己的风格。我们不能在别人的阴影下徘徊不前，你的方向在哪里，就向哪里前行，无须犹豫，无须等待。

去年，侄女填报高考志愿，家里人都忙着出主意。有亲戚说，应该填报某某专业，以后好找工作。也有亲戚说，应该填报某某专业，以后可以考个公务员……

大家七嘴八舌，莫衷一是。后来，我打电话给嫂子，告诉她填报志愿应该尊重侄女的意见，她喜欢什么，就让她报什么吧，毕竟以后的人生路，要由她自己去走。

后来，侄女按照自己的喜好填报了志愿。但是她的同学就没有那么幸运了，好多人在羡慕她的同时，也抱怨自己家里强行为自己填报了某某志愿，让他们抑郁不已。

其实，人生这条路总要由我们自己选择，只有为自己而活，才能活出真正的自己。不要因为别人而影响了自己的人生抉择，或许有一天，那个影响你抉择的人会离开你，但是你所做出的抉择，却会影响你的一生。

　　不要匆匆忙忙接受了眼前的安排，要认真思考自己的未来。当然，我们也没有权利去决定一个人的命运，我们能够提供建议，但绝不是命令，无论你是父亲，是母亲，是老师，还是领导。不要轻易地给别人的命运下定义，你不经意的一句话，有时候能成就一个人的一生，也有可能会毁掉一个人的一生。

凡是你想控制的，其实都控制了你

有这样一个笑话：

老板晚上 11 点回公司拿文件，发现小王还在公司加班。

"小王，这么晚还在干活啊！"

"是的，张总。我刚入职，想尽快熟悉一下业务。"

"哎呀，你这劲头让我想起我以前一个同事，他也跟你一样，刚入职就拼命加班，干的活比其他人都多得多，很快，几个月后……"

"他升职了？"

"不是，他老婆就跟别人跑了！"

初看这个笑话，我忍不住捧腹大笑，但是笑过之后，仔细一想，这笑话的背后，其实隐藏着一种人性的悲哀。

那个拼命加班的同事本是想努力熟悉工作，却忽略了妻子的感受。虽然他是一心想要把工作做好，却顾此失彼，捡了芝麻，丢了西瓜。

有些东西，如果是以失去更为珍贵的东西为代价的，我宁可不要。

生活中，很多人都犯了这样的错误：越是拼命地想去操控一件事物，结果却成了被操控的对象。我们需要有自己的追求，但不能为了这份追求而迷失自我，被自己所追求的事物控制。

当你对一件事物的渴望越是强烈的时候，你的弱点也会越大。有梦想固然是好事，但是在强烈欲望的背后，也潜藏着不易被察觉的危机。就像美丽的孔雀在开屏的同时，也暴露了自己的屁股。

我想起了历史上那个有名的"染指"的故事。

公子子家和公子宋都是郑国贵戚之卿。有一天，他们两个去见郑灵公。快进宫门的时候，公子宋忽然停住了脚步，他抬起右手，笑眯眯地对子家说道："你看！"

子家很奇怪，手有什么好看的？但他还是凑过去仔细地看了看。原来，公子宋的食指一动一动的。他不以为然，动食指嘛，这有什么难的，谁的食指都能动啊！他也伸出手，一面动了动食指，一面说道："这谁不会啊！"

公子宋大笑道："你以为是我自己在动食指吗？不是，这是它自己在动。你再仔细看看。"

子家将信将疑，一面自己又动了动食指，一面又仔细地观察了一下公子宋的食指。果然，他发现公子宋的食指和自己的食指的抖动状态的确不一样。他不禁大为叹服。

公子宋非常得意，他晃着脑袋说道："看来是有好吃的在等着我们呢！每一次我的食指动，都意味着能吃到新奇的美味。"

子家半信半疑。进宫后，他们正看见厨子把一只煮熟的甲鱼切成小块。那只甲鱼非常大，是一个楚国人进献给郑灵公的。郑灵公见甲鱼很大，正好可以分给臣下们吃，就特意吩咐厨子将其烹制，然后邀请了诸位大夫们前来尝鲜。

公子宋的话果然应验了，子家不禁向他竖起了大拇指。这一下，公子宋更加得意了，一时忘形地摇头晃脑起来。

这一幕正好被郑灵公看在眼里。看到两个人在他面前这么没规矩，他不禁有些不高兴。他问两个人："你们在笑什么？"子家赶紧把刚才公子宋食指大动的事情说了一遍。

郑灵公听后，似乎有些不高兴，他含糊地说道："真有这么灵验吗？"

少顷，大家都到齐了，甲鱼宴也正式开始。厨子从鼎中将已经切成小块的甲鱼装进小盆里，依次盛给郑灵公和诸位大夫。

郑灵公美美地尝了一口，赞叹道："味道不错！"大夫们也都举起筷子，津津有味地吃起来。然而此时，刚刚还一脸得意的公子宋却满脸窘迫，因为他的桌案上什么都没有。

公子宋看了看郑灵公，郑灵公正津津有味地吃着甲鱼羹，和大夫们有说有笑。他又看了看子家，子家吃得正香，发现公子宋看着他，便马上转过来向他扮了个鬼脸。

大家都在吃着美味，说说笑笑，而公子宋却窘迫得恨不得找个地缝钻下去。他知道了，这分明就是郑灵公有意安排的，故意让他食指动的说法不灵验。他恼火极了，终于忍无可忍地站起来，冲到大鼎前做出了一个惊世骇俗的举动。

只见他伸出手指，在大鼎中蘸了一下，然后把手指放在嘴巴里尝了尝，似乎是在向郑灵公得意地宣布：你看，我尝到美味了吧！

然后，公子宋大摇大摆地走了出去，完全无视盛怒的郑灵公和咂舌不已的诸位大夫。

公子宋的行为让郑灵公愤怒不已。作为一个君主来说，他总会想着控制自己的臣子，但是却不知，这种控制欲也在控制着自己。当臣子不听自己的掌控时，君主便会拿出最后的撒手锏——让这个不听话的臣子永远地闭上嘴巴。郑灵公决定把公子宋杀掉。然而，公子宋已经预料到郑灵公会做出这样的决断，于是联合子家先下手为强，干掉了那个美滋滋地吃甲鱼羹来馋他的郑灵公。

身为堂堂国君，竟因为一碗甲鱼羹而殒命，郑灵公的死法也真是让人哭笑不得。不过归根结底，是他心中的控制欲将他推上了绝境。

控制欲就像一把无柄的利刃，当你攥得越紧时，手上的伤口也会越深。

多年前，左宗棠被派往新疆戍守，著名的民族英雄林则徐赠他一副对联以示勉励：

海纳百川，有容乃大；

壁立千仞，无欲则刚。

浩瀚的海水接纳了千百条河流与自己汇成一体，正是因为那宽广博大的胸襟使得它成为浩瀚无边，横无际涯。坚韧挺拔的山峰，因为没有任何欲望才能保持直立向上，而不是倾斜歪倒。

欲壑是一个永远也填不满的无底洞，多少人因为无休止的欲望而丧失了自我，最终把自己葬入万劫不复的深渊。

"欲"是一种本能，而控制"欲"则是一种能力，能够没有"欲"，便是一种境界。每个人都会有那么一些欲望，只要保持在一定的尺度之内，这种欲望还是有积极作用的，但是，当欲望超出了你能控制的范围，那么这种欲望就会成为一种非常危险的东西。

芸芸众生里，每一个人都只是一个普通的个体，但是每一个人，又都是这世界上独一无二的存在。人们常常想着把别人当成木偶来操控，殊不知，别人也正在这样算计着你。

世界是一面镜子，你对它笑，它便会对你笑；你对它哭，它也会对你哭；你怒发冲冠地咒骂它，它也会暴跳如雷地咒骂你；你对它宽容善良，它也会还你以脉脉温情。

最好的控制，是自我控制。有人绞尽脑汁花尽心血去控制别人，到最后却落得一个千夫所指的骂名。也有人严格要求自己，努力去控制自己的一切言行，得到了所有人的赞扬与认可。如果你愿意把控制十个人的精力拿出来控制一个自己，我相信你会得到更圆满的成功。

歌手王筝唱过一首非常好听的歌，叫《越单纯，越幸福》。很喜欢其中的一句歌词，"越单纯，越幸福，心像开满花的树。"越是单纯的人，欲望也越少，所以简简单单的小事，就能让他感到满满的幸福与快乐。

小时候，快乐很简单；长大后，简单很快乐。小时候的我们会因为一根雪糕而开心一整天，然而长大后的我们，就算一箱雪糕也未必能换来童年时代那种纯真的快乐。欲望就像一副枷锁，紧紧地铐住了人们的手脚。很多人还没来得及得到自己苦苦想要的东西，就先失去了自我。

人生一世，开开心心的就好了，何必要让自己那么累呢？如果你愿意卸下欲望的枷锁，你会看到别样明媚的人生。其实，只要你保持一颗淡泊宁静的心，就算长大后，快乐依然可以很简单。

第五章

要想爬到山顶，必先

挥洒汗水

不要用无数次的折腰，换一个漠然的低眉

每个人都应该有一份专属于自己的骄傲，这种骄傲不是狂妄，不是自大，而是一种尊严，一种人格的底线。这份骄傲是无人可以撼动的，如果你为一个人或一件事物放弃了这份骄傲，也就意味着你放弃了自己。

有这样一个笑话：某男翻自己女朋友的手机通讯录，发现其中有一个名叫"备胎"的人，他哈哈大笑，说道，还有姓备名胎的！这名字太有趣了！说着手就按了上去，女朋友花容失色，慌忙过来抢，但是已经来不及了，电话拨了出去。然后，男人的电话就响了。

笑话中的男人并不知道自己是"备胎"，如果他知道，不知会作何感想？现实中，我倒认识一个曾经心甘情愿做"备胎"的人。当然，那只是他的一段历史，现在的他已经从那段感情的阴影中走了出来。

他是我很好的一位朋友，姓陈，为人朴实善良，论相貌虽然

不算英俊，但五官端正，最大的缺点就是太胖。就像很多小说中给这类人的外号无一例外地都是"X胖子"一样，他被大家亲切地称呼为"陈胖子"，大家这么叫他的时候，大概心里想的都是"沉胖子"。

陈胖子身高将近一米八，最胖的时候，体重接近300斤，整个像是一个肉球。朋友们一见面，常常和他开玩笑："天蓬元帅，你家嫦娥答应你没有呢？"

"嫦娥"指的是陈胖子追了三年还没有结果的女孩儿，我们姑且称她为E。

陈胖子是E的学长。大学毕业后，他很顺利地签了工作。终于能自己赚钱了，陈胖子兴奋不已。但是工作一年，他不仅没攒下钱，反而还欠了一堆外债，光是信用卡就欠了好几千。这一切，都归功于他"伟大"的爱情。除了给E买礼物以外，还有一大部分钱是无私地"贡献"给了中国铁路运输事业。他的大学在长春，而工作却在北京。他常常在周末坐上七个小时的动车返回长春看望E，同时带上北京的各种特产。

尽管如此，E对他的热情依然无动于衷。E是个很高傲的女孩子，对一切都有着极高的要求，找男朋友更是如此。但是让人奇怪的是，她虽然不接受陈胖子，却也没有非常明确地拒绝他。有时候陈胖子几天不联系她，她还会主动联系陈胖子。

一旦接到E的信息或者电话，陈胖子就兴奋得要命，每一次都误以为自己爱情的春天即将到来了。但是，这种短暂的兴奋之后又会重归死寂，他拼命地加班，甚至有一段时间身兼三职，只为能多赚点钱以保证在爱情上有足够的投入资金。

被爱情冲昏头脑的陈胖子并不知道 E 的想法。朋友们聚在一起的时候，大家一致认为，陈胖子就是一"备胎"。很明显，E 小姐并不喜欢陈胖子，但也并不是十分讨厌。对她来说，陈胖子就像一个公交车，在她找到法拉利之前，是不舍得下车的。如果有一天她找到了她的法拉利，就一定会毫不犹豫地离开陈胖子，再也不会和他联系。

陈胖子虽然也认为我们的分析有道理，但是依然为之着迷。他拍着胸脯说，就算她把我当"备胎"，我也认了，好歹"备胎"还是有希望成为"正胎"的不是嘛。

第二年，E 也毕业了，但是工作一直没着落。陈胖子赶紧在自己的公司上下打点，一切准备就绪后，把 E 也接了过去。

终于能在同一个地方了，不必再花车费了，陈胖子节省了一笔不小的开支。但是钱依然攒不下，为了能讨 E 的欢心，他把自己的大部分收入都变成了各种各样送给 E 的礼物。

我记得那是在 2011 年的深秋，iPhone4s 刚刚在中国大陆上市的时候，陈胖子为了给 E 一个惊喜，特意请了假跑去排了好长时间的队，才买到了那款黑色的手机。

我觉得，如果有人为了送我一个礼物而特意请假排了那么久的队伍，不管送的是什么，就算是一本书、一支笔也好，我也会感激涕零。但是人与人是不同的，每个人都有自己的世界观与价值观，我们没有理由也没有资格要求别人和自己一样。当陈胖子兴高采烈地捧着辛苦排队买来的 iPhone 出现在 E 的面前时，得到的不仅不是感激，反而是一句责备，"你怎么不买白色的？"

用陈胖子的话来形容他当时的感觉："我的脑袋像被大铁锤敲了一下，两眼金星子乱窜。"当你对一件事情所抱的希望越大时，有时候失望也会越大。陈胖子从作出给 E 买 iPhone 的决定时，到排队，到刷卡，到挤上回公司的公交，他一直都处在一种极度的兴奋与期待之中。他在心里想过无数种 E 接到礼物时的反应，比如激动地亲他一下，开心地扑进他怀里，甚至一激动，答应做他的女朋友……

陈胖子说："在公交车上的时候，我想着想着都乐出声了，惹得周围的人都像看傻子一样看着我。"

万万没想到的是，E 的反应竟会是这样。或许，长久以来，她已经对陈胖子送礼物习以为常了，如果他不送礼物，她反而会觉得是不正常的。这是很多人都会犯的错。你会习惯于父母给你的所有的好，习惯于他们给你提供衣来伸手饭来张口的生活，却对陌生人的一个包子感激涕零。你会习惯于恋人送给你各种礼物，却对其他人的一份小礼物而兴奋不已。

为 E 送 iPhone 的那件事，在陈胖子心中刻下了一道隐隐的伤痕。他越来越觉得，在他与她之间，似乎横亘着一条不可逾越的鸿沟。E常常会对他说起各种奢侈品的品牌，什么爱马仕、香奈儿、纪梵希、阿玛尼、迪奥……陈胖子是个不拘小节的人，对那些奢侈品牌的了解几乎为零，所以他总是听得云里雾里，犹如听天书一般，根本不知道那是什么东西。

每一次E主动联系陈胖子，基本都是有求于他。工作上的任务太多，陈胖子责无旁贷地为她分担，日常生活中的一些体力活，比如搬个沙发、换个灯泡什么的，总是少不了陈胖子。虽然每次接到E的电话都知道一定有什么事情，但是陈胖子却总是乐此不疲。

但E对陈胖子始终是不冷不热的，一直保持着一种若即若离的状态。如果她完全地拒绝了陈胖子，陈胖子也可以完完全全地死了心，但是她偏偏还给他一点希望，让他总是在山重水复疑无路的时候忽然又柳暗花明。

这种状态又持续了一年，直到有一天,E忽然告诉陈胖子:"我有男朋友了，以后不要来打扰我了。"这是我们局外人早就料到的事情，但是对陈胖子来说，无疑是一个晴天霹雳。

悲痛欲绝的陈胖子找了一大帮朋友聚在一起喝酒。大家纷纷劝他，"天涯何处无芳草，何必单恋一枝花，看开点。""三条腿的蛤蟆不好找，两条腿的大活人到处都是，比她好的姑娘多着哪！""能不能有点出息了，让个女人搞得神魂颠倒的。""又不是找不着老婆，实在不行还可以上非诚勿扰呢！""天蓬元帅，你媳妇在高老庄等着你呢，别老惦记人家嫦娥了。"……

所幸，陈胖子并不是死心眼的人。醉过之后，就把那一场不堪回首的爱情彻底放弃了，再也不提关于 E 的任何事情。

在我们遇见那个对的人之前，总会遇见一些错的人。永远不要幻想把错的人变成对的人，如果注定不是你的姻缘，无论你怎样煞费苦心地去努力，依然无法得到对方的感动与认可。何必用无数次的折腰，去换一个漠然的低眉呢？

真正的爱情，是源自于两个人心中的相知与相爱。如果你追求一个人的时间超过了一年还没有结果，那就放弃吧。就算对方因为一时感动而答应了你，那也不是源于爱情。感动与爱情，是两回事。

其实爱情也好，友情也罢，都是如此。我们常说"礼尚往来"，如果长时间地有往无来，那也就无所谓"礼"了。亲爱的你，没有必要为一个不在乎你的人而付出一切，只要你仔细回想一下，就会发现，其实在乎你的人那么多，他们会为你的一句话而感动，会为你一个小小的举动而开心不已。与其为一个不在乎你的人花光自己的时间与精力，不如回过头来，把心思用于在乎你的人身上。那么，你将得到数倍的温暖与幸福。

若要前行，就离开现在停留的地方

生命原本是一个空瓶子，随着年龄的增长，我们不停地将各种东西装进去。当瓶子被装满的时候，我们只有扔掉一些已经用不到的东西，才能装进真正需要的东西。

有舍有得，才是人生。如果背负的东西太多，脚步也会格外沉重。不如轻装上路，将那些沉重的包裹放下。

只是很多时候，我们总是舍不得。生活中，有多少人因为舍不得温暖的家，而放弃了闯荡天涯？又有多少人，因为舍不得工作，而放弃了那个一生也许只出现一次的恋人？很多人因为舍不得自己手中小小的利益，却丢掉了更大的幸福。

这是多么不值得！

我们一路成长，也在不停地舍弃中不停地得到。当我们离开温暖的家踏入校园时，这一生的舍与得就已经悄然开始了。高中时候，我们舍弃了很多玩乐的时光，得到了骄人的成绩；大学时候，我们离开了温暖的家，到异地他乡完成自己的学业，在舍掉家带来的安逸的同时，也得到了更多的学识；毕业后，有人舍掉工作的机会专心考研，也有人舍掉考研的机会专心找工作。当我们舍掉学生的身份，也在社会上开辟了一小片专属于自己的天空。

无数次的舍与得，在我们的生活中似乎只是寻常，寻常到我们以为那一切都是顺其自然。

只不过，生活中有太多顺其自然的舍得，也有很多次令你纠结痛苦的人生抉择。

鱼和熊掌不可兼得，而在鱼和熊掌之间做出正确的抉择，不仅需要智慧，还需要勇气。

文心是我的好朋友。读大学的时候，我们是同宿舍的室友。那时候，她就常常对我们说："我最大的梦想，就是能开一家属于自己的店。"

创业梦如同一把火焰，始终在她心中燃烧着。但是作为一个大学生，要想白手起家创业，又谈何容易？

文心的老家在贵州。在当地，她的父母也很有实力，在文心还没正式毕业的时候，家里就已经为她安排好了工作，甚至连乘龙快婿都物色好了，只等着宝贝女儿回家。

然而，那时文心已经有男朋友了。她的男朋友在北京，所以一毕业，马上就到北京投奔男友去了，家里安排的工作，她问也没问，就直接拒绝了。

她是个很有主见的女孩子，无论是工作，还是爱情，都非常勇敢地做出了自己的抉择。在人海茫茫的大北京，她签了工作，还租了一间小房子。

我对她的勇气钦佩不已。她的家里为她物色的那位乘龙快婿是当地一位富豪的独生子，也算是"富二代"了。很多女孩子想嫁入豪门，却苦无出路。而文心似乎根本不当回事儿，尽管父母打了很多遍电话，威逼利诱，命令她马上回家，但是她还是没有回去。

我一直以为，她这样决绝地做出了自己的选择，是毫无迟疑的，是勇敢的，直到去年我到北京出差，顺路去看望她，才知道她是经过了多么激烈的心理斗争才作出决定的。

文心说："其实那时候我真的动心了，那份工作实在是太有诱惑力了。不过，我也知道，我越是心动，就越有可能放弃自己的选择，回老家听爸妈安排。"

我还以为，她从来就没考虑过那回事。"回家接受安排也挺好的嘛，还免费赠送佳婿'一枚'。"我开着玩笑说。那时候她和她的男朋友已经结婚了，两个人开了一家服装店，小生意做得风生水起的。

"佳婿我倒是不稀罕。"顿了顿，她又一改嬉笑的神态，用一种难得的严肃语气说道，"我还是喜欢创业。一个人的一生，至少该有一个梦想，并用一生的时间去把这个梦想付诸实践，在这条逐梦的路上越做越好。"

这个外表柔弱弱的女孩子，内心却是如此强大。我亲眼见证了她这一路走来的艰辛，也看到了一个北漂女孩对梦想烈焰般地执着。

那一年大学毕业，文心在北京签了工作，开始了自己真正的北漂生活。为了能尽快攒足开店的资金，她白天在公司上班，晚上就在市场摆地摊，卖一些衣服和饰品什么的。

那是段异常辛苦的岁月。每天摆摊，她需要交 5 元钱的摊位费，情况好的时候能赚个几十块，情况不好的时候，就连这 5 元摊位费都赚不回来。顾客一个比一个能讲价，一件衣服如果你要价 50 元，顾客就会还价 30 元；要价 30 元，顾客会还价 20 元；要价 20 元，顾客会还价 10 元……总之，无论你要价多少，都会得到一个让人血脉贲张的还价。我想，如果换成我，我一定就放弃了，更不要说开店，稳稳当当上个班，写一写这红尘阡陌的故事与世态炎凉的人生，也就足够了。但是文心不一样，开店的梦就像一块巨大的磁石，无时无刻不在吸引着她。

做生意必须时刻保持精力高度集中，稍有不慎，就可能出现不可预料的麻烦。有一次深夜，文心打来电话。接通时，她已泣不成声。我从来没想过，每天都是笑嘻嘻的她竟然会哭得那么伤心。

原来，是她在给一个顾客找钱的时候多找了 50 元。虽然这并不是什么大数目，但是对她来说，每一分每一角都是用血汗换来的。多找了 50 元，就意味着这一晚上的地摊白出了。

她不是心疼那 50 元钱，而是自责自己为什么那么不小心。我劝她，这一次用 50 元钱买了个教训，以后做大生意的时候就能挽回 50 万的损失，值了。

我知道，她一定还经历过其他类似的伤心事。她是个报喜不报忧的女孩子，有好事情总会和朋友们分享，糟糕的事情大多是埋在心里，除非实在是太难过的事，她才会和朋友倾诉一下，哭一场当作发泄。

她的坚强与毅力让我格外钦佩。在她身上，我看到了梦想的力量，她就像一个金灿灿的小太阳，为了梦想不停地发着光，在追求梦想的同时，也照亮着别人，让身边的每一个人都能感受到强烈的希望与快乐。

这种生活持续了两年左右。就在很多同学都忙着结婚买房子的时候，她忽然告诉我，她要双喜临门了。

她的语气里带着兴奋。我一下子就猜到，她一定是要结婚了，但是另一件喜事却不知道指的是什么，难道是要奉子成婚？

文心笑骂我思想不纯。她告诉我，她在北京的店马上要开张了。

这可真是双喜临门！我问她："那你的工作呢？不上班了？"

"没有舍，哪有得，工作辞掉了呗。以后，我就一心一意地做我的店老板了，创业路正式开始。"

文心说得风轻云淡，但是对很多人来说，辞职是一件多么纠结的事情。

小店开张后，文心一直忙得不可开交，甚至婚期一度拖延。大学同宿舍的几个室友中，她是目前唯一一个自主创业的。在她的婚礼上，我见到了她的父母。老两口只有这么一个宝贝女儿，疼得什么似的，本来打算是让女儿大学毕业后就回家乡工作，然后顺理成章地嫁个好人家。没想到，读了大学后，文心越来越独立，个性也越来越鲜明。不过，看到女儿的成果，他们不仅是满意，更是骄傲。

我相信文心的生意会越做越好。上一次见到她时，她满脸憧憬地说："我现在的梦想，就是把我的店开成连锁的。"

梦想总是有着惊人的力量。我相信，总有一天，文心会实现自己的梦想的。我也相信，到那时候文心会继续说："我现在的梦想是走向世界……"

很多人都羡慕文心，能够在人声鼎沸的大北京开起一家专属于自己的服装店，并站稳脚跟。其实，他们只看到了文心成功的光环，却没有看到她曾经放弃的那些诱惑。如果她听从家里的安排，此时的她应该也和很多人一样，每天上着朝九晚五的班，每天按时买菜、做饭，虽然衣食无忧，但是梦想应该已经化为灰烬。如果她没有辞职，也不会开起自己的店面，正是因为她离开了原来的地方，才走向了梦想的高峰。

我们常常舍不得现有的安逸生活，所以也失去了挑战惊涛骇浪的机会。因为双手都被现有的东西占得满满的，根本没有空间再去承载其他东西。我常听见有人抱怨自己的工资太低，羡慕别人的工资如何如何高，但是又没有勇气辞职去找别的工作。还有人拼命维护着已经名存实亡的爱情，不敢去寻找新的幸福。其实，如果你不放下手中的物品，又怎能拿起其他东西呢？

只是，很多人都舍不得"孩子"，所以也无所谓"套住狼"了。

舍与得，虽然只是一念之间，但是却万里相隔。有时候舍弃并不等于放弃，恰恰相反，舍弃是另一种获得的开始。

舍弃是有选择地放弃，从沉重的包裹里取出那些已经不需要的东西扔掉，然后轻装上阵。而放弃是完完全全地抛弃，任凭梦想被现实踏为齑粉。

舍，是为了更好的得。就像离别，是为了更好地重逢。如果渴望拥有更好的东西，那就勇敢一些，大胆一些，放下手中的牵牵绊绊。

有时刁难即是雕刻

在漫漫人生路上，每个人都会不可避免地遇到一些刁难。其实，刁难就像面试官给你提出的问题一样，如果你能迎刃而解，接下来的日子就会万事大吉，但是如果你害怕了、退缩了，没有正面面对，那么接下来的日子，你就不得不继续颠沛流离。

其实难题本身并不可怕，可怕的是没有面对的勇气。只要你愿意勇敢地面对、认真地解决，不仅不会因为刁难而陷入窘境，反而会比以前更加出色。

无论何时何地，请保持一颗豁达的心。很喜欢《菜根谭》中的一副对联：

宠辱不惊，看庭前花开花落；

去留无意，望天外云卷云舒。

拥有一颗豁达的心，才能坦然面对生活中的种种刁难。只要你保持一颗坦然淡泊的心，纵然前路艰险，依然可以从容应对。一句"宠辱不惊"，说起来风轻云淡，只是真正做到的人，却是寥寥无几。我们总是在受过伤之后，才能真正懂得某些道理。

这是一个不完美的世界，生活中，我们总会遇见一些有意或无意的刁难。如果你是一棵草，刁难你的人会把你踩在脚下，在你痛苦不已的时候，那个高高在上的人或许会得意地笑，或许压根儿就不会在意。

那又能怎么样呢？一棵草的力量，是根本无法与一双踩过千万棵小草的大脚相抗衡的。唯一的办法，就是拼命地向上生长，生长，把自己长成一棵参天大树。

有一天，当你终于长到枝繁叶茂的时候，远远的，别人就能看见你雄伟的身姿。那时候，将不会有人再敢把你踩在脚下，即便敢，也没有那个能力。

每一段伟大历史的背后，都隐藏着无数心酸的泪。创办了新东方的俞敏洪，曾经连续三年考大学。在那三年里，他不干农活也不打工赚钱，村里的人都把他当成一个笑话。然而多年过去，那些曾经笑话他的人依然在他的农村老家，而俞敏洪已经是众人仰慕的成功人士。

上帝对每一个人都是公平的，只是我们看待事物的角度不同而已。我们常常只看到了那些成功者闪耀的光环，却没有看到他背后付出的血汗与曾经承受的苦难。

不要轻视任何一个人。说不定哪一天，他们就实现了曾经被人们讥讽为荒唐的梦想。通往成功的路上，走到最后的往往都是那些曾经饱受冷眼与鄙视的人。

知名作家、赛车手韩寒，当年在去学校办公室办理退学手续的时候，老师们问他："你不念书了，将来靠什么生活？"那时，尚年少的韩寒看似散漫却坚定地答道："靠我的稿费啊！"结果，办公室的老师们全笑了。多年过去了，如今的韩寒已经用事实证明了自己的实力。今天我们提起韩寒，几乎无人不知，无人不晓，但是有谁知道那些曾经嘲笑他的梦想的人呢？那些曾经嘲笑他的人又在哪里呢？

当你一步一步、小心翼翼地挨过人生的悬崖，回过头来时就会发现，其实那些刁难并不可怕。有时候恰恰是那些刁难激发了你的斗志，让你在以后的岁月中焕发了无穷的奋斗力量。

面对生活中的刁难，你无须心惊胆战，也无须义愤填膺。你只需做好自己，用实际行动来证明自己的实力，就可以了。今天阿里巴巴的创始人马云，不仅在中国有着重要的地位，在整个世界，都是响当当的著名人物。在2014年12月12日早间消息，彭博社亿万富翁指数公布的最新数据显示，马云已经超过中国香港富豪李嘉诚，成为新的亚洲首富。然而就是这样的一个人，曾经却落选于肯德基服务生的招聘。当他和大老板们讲什么是电子商务的时候，那些大老板纷纷得出这样一个结论：这个人是个骗子。

这个世界上有伯乐，有千里马，只不过在千里马遇见伯乐之前，总要遇到许许多多的农夫，而伯乐在遇到千里马之前，也总要遇到许许多多的普通马，甚至毛驴。不过没关系，山不转水转，水不转人转，只要你坚持着，相信着，总有那么一天，会有人赏识你，有第一个之后，就会有第二个，第三个……而那些曾经想方设法刁难你的人，现在却要仰视你，甚至巴结你。

当然，我们辛辛苦苦地努力，不是为了有朝一日能站得高高的看那些曾经刁难我们的人生活得有多凄惨，我们是为了不负青春，不负梦想。如果你怀着一种报复的心态去生活，即便你成功了，你也不会快乐。要记得为自己而活，只要你相信自己是对的，别人的冷嘲热讽就随他去，无须为别人的恶意刁难而心怀沮丧。

曾经有一个洗车行，一辆豪华的劳斯莱斯开了进来。有一个擦车小弟非常欣喜，情不自禁地摸了一下方向盘。结果，客人发现了他的举动，狠狠地扇了他一巴掌，并厉声责骂，你这辈子都不可能买得起这种车。后来，那个擦车小弟买了六辆劳斯莱斯。

那个擦车小弟的名字叫周润发。

有时候，刁难恰恰是一种雕刻，它让我们看清这个世界，也看清脚下真实的路，更看清一个卑微的真实的自我。无论你有多么卑微，你终究是你，全世界独一无二的你，无可取代的你。只有你才会为你自己的梦想去打拼、去奋斗，如果一个小小的刁难随随便便就攻陷了你的梦想，那是何其不值。

著名作家余华，当他还只是个无名小辈的时候，曾经把自己的小说投遍了全国各个大大小小的刊物。很快，他就接到了来自全国各地的退稿信。不过，他依然坚守着心中的希望，继续书写着心中的故事，然后继续投稿，继续被退稿……

多少失败的经历，才垒砌了成功的地基。失败得越多，成功的高楼也砌筑得越稳固。

永远不要小看一颗种子的力量。你可以把它踩在脚下，甚至踩进泥土里，但是终有一天，它会努力地汲取着阳光雨露，拼命地生长开来。每一棵参天大树都要经历无数的风风雨雨，才能长到枝繁叶茂，葱葱郁郁。

我相信每个人都是一颗种子，只是最后长成了参天大树的总是少数。对于种子来说，生根发芽容易，破土而出也并不难，但是一旦钻出了温润的土壤，就无可避免地要面对大千世界的种种风险与磨难。很多人长到一半的时候，就选择了停滞不前。因为越高的地方，风雨也越猛烈，他们不敢再向上生长。不过也会有那么一部分人，无论风雨，始终坚守着心中最初的梦想，一路风雨兼程，向着天空的方向不停地生长。

经得起刁难的人，才有勇气走向梦想的巅峰。经得起小刁难，可以取得小成功；经得起大刁难，才会取得大成功。古往今来，多少成功者不是战胜了无数次的刁难，才最终功成名就的呢？

无论多么渺小的种子，只要它怀揣参天大树的梦想，并始终向着这个方向努力向上，总有一天，它会实现心中的梦。因为当它心怀参天大树的梦想的时候，它的灵魂就已经是那一棵大树的灵魂，在以后的岁月里，只需向着这个目标不停地努力就行了。

宗庆后 42 岁那年，发现做儿童营养液有巨大的发展市场。但是，他的亲戚朋友们都劝他不要做，因为他们觉得，靠卖那种东西发财无异于痴人说梦。宗庆后并没有因为大家的劝阻而停下自己逐梦的脚步，没多久，他为自己的营养液取了一个名字——娃哈哈。

多年过去，时光冲淡了当年的危机与窘迫。在今天，还有谁会说，靠卖儿童营养液发财无异于痴人说梦呢？成功永远是最好的证明。只要你愿意相信，愿意努力，生命里无论有多少场刁难，在梦想的万丈荣光面前都会变得脆弱无比。

刁难如同一把刻刀，有人憎恨刀锋刻下的伤痛，有人却把刀尖划破的伤口长成美丽的人生。在一个弱者的生活中，刁难往往无处不在。但是在一个强者的生活里，纵使有刁难，也起不到任何伤害的作用。

我们必须做一个生活的强者，纵然脚下荆棘满布，也要勇往直前。

美国国务卿赖斯只用了短短二十几年的时光，就从一个饱受歧视的黑人女孩成为了美国著名的外交官。人们羡慕她能够从一个丑小鸭成功地脱胎换骨变成白天鹅，但是她曾经受过的冷遇和白眼却鲜有人知。

在赖斯的童年时代，美国的种族歧视非常严重，尤其是在她生活的城市——伯明翰。白人的歧视与欺压几乎无处不在，从小，赖斯就在那种环境下一天天长大。

10岁那年，赖斯一家人到纽约游览。然而，当他们到了白宫门外的时候，却不能像其他游客那样进去参观，只因为他们是黑人。

巨大的羞辱让年仅10岁的小赖斯愤慨不已。她咬着牙一字一顿地告诉父亲，总有一天，我会成为那房子的主人！

父母为女儿的勇气感到高兴，他们纷纷鼓励她。母亲告诉她，要想改善黑人的状况，最好的办法就是取得非凡的成就。如果你拿出双倍的劲头往前冲，或许能获得白人的一半地位；如果你愿意付出四倍的辛劳，就可以跟白人并驾齐驱；如果你能够付出八倍的辛劳，就一定能赶到白人的前头！

从此，赖斯开始了艰苦的学习生涯。她果然像母亲说的那样，以超出他人八倍的辛劳发愤学习。普通的美国白人只会讲英语，而她除了英语外还精通俄语、法语和西班牙语；普通美国白人大多只是在一般大学学习，而她则考进了美国名校丹佛大学并获得博士学位；普通美国白人26岁可能研究生还没读完，她已经是斯坦福大学最年轻的女教授，之后还出任了这所大学最年轻的教务长……

多年以后，当别人问起赖斯成功的秘诀时，她简单地回答说，因为我付出了超出常人八倍的辛劳。

　　童年时代的一个刁难，改变了一个黑皮肤女孩一生的命运。当然，并不是每一个遇到刁难的人都会像赖斯那样将刁难转化为一种动力，很多人都是在刁难中自怨自艾，甚至妄自菲薄，自卑自贱。唯有将刁难的力量转化为奋发向上的动力，才能在千辛万苦的努力后一飞冲天。

　　总会有那么一些刁难，甚至侮辱，在我们心中刻下永远难以磨灭的伤痕。我们会因之而难过、痛苦，甚至会在心里留下一片再也不敢触及的阴影。其实，换一个角度，换一种思维，你会发现，刁难也是对生命的一种修饰，伤口虽痛，刁难的刀锋却将人生雕刻得更加精致美丽。在刁难面前，我们要保持自己的风度，才会在以后的岁月里更有力度。刁难刺痛了我们的心，无形中也成为了另一种动力。就像奥斯特洛夫斯基说的："人的生命，似洪水奔流，不遇着岛屿和暗礁，难以激起美丽的浪花。"

第六章

沉默不是逃避，只是
安静下来努力

等待，不是得到机会而是失去一切

有多少本应该幸福美好的爱情输在了等待上？有多少本应该实现的梦想，因为等待而一梦成空？

年轻人，就应该有年轻人的样子。你不能像个小孩子一样自私幼稚，更不能像个老头或老太太一样老气横秋。然而总有人觉得一切还来得及，在日复一日、年复一年的等待中，任凭时光老去，青春一去不复返。

我曾看过这样一个小故事：情人节的时候，男孩忽然收到一条"情人节快乐"的信息。他没有理会。第二年的情人节，他又收到了那条信息，同样的内容，同样的号码。像去年一样，他还是没有放在心上。第三年的情人节，他竟忽然有了一种期待，心里想着，如果那个号码再发信息给他，他一定要打个电话过去。然而第三年的情人节，他等了一整天，也没有等到那条信息。直到晚上，他终于沉不住气，拨通了那个号码。然而电话那端，却传来"对不起，您所拨打的号码是空号"的声音。

有些东西，是经不起等待的。尤其是爱情。不要以为等待你的人会一辈子站在原地为你守候，不要以为曾经痴心一片的人永远会在你身后等你回头。这世界上谁都不是谁的谁，每个人，都有自己的生活。

晓菲是我的一个同事，比我晚三年入职。我还记得她到公司的第一天：短发，素面朝天，穿着 T 恤和牛仔裤，身材有些臃肿，好好的一张瓜子脸却长出了两层下巴。

那时候她还是个名副其实的"女汉子"。走起路来呼呼带风，丝毫没有一点女孩子的样子。一天，有个学妹到公司找她，我们震惊地听见，那个小姑娘居然管她叫"学长"。当时我几乎要怀疑，该不会那小丫头一直都不知道她是个女的？

小姑娘走后，我终于忍不住问起她来。晓菲颇为自豪地说："我的学弟学妹们都管我叫学长，还有管我叫菲哥的呢！"

"嗯，非哥，的确是非哥。"

所幸，晓菲的这种雌雄模糊的状态很快得到了改善。这得益于她那场轰轰烈烈的单相思。

2011 年的夏天，晓菲忽然像换了个人似的，情绪起伏特别大。虽然她并没有说什么，但是我能明显地感觉到。平日里，她都是生龙活虎的，而那段时间竟特别奇怪，忽而话特别多，说起来没完没了，忽而又沉默不语，一言不发。直到有一次我和她一起乘电梯，才发现了其中的端倪。

　　我们公司在一栋写字楼的第 16 层。那天，我和晓菲一起进了电梯，在电梯门关闭的前一秒，忽然闪进来一个男人。电梯里人很多，那个男人挨着晓菲站着。那一瞬，晓菲的眼睛里分明要冒出成串成串的大红心来。

　　那个男人很礼貌地对晓菲笑了一下，然后按了 18，就开始低头看手机。

　　晓菲故作镇定地说了一声"早"，虽然她尽量地掩饰着心中的激动，可我还是能听出那个"早"字像是方便面一样不知颤抖了多少个弯儿。

　　晓菲显得极为局促，而那个男人似乎把我们当成空气。电梯很快到了 16 楼，门开了，我正要出去，却被晓菲抓住了手，她还用力地捏了一下。我懂得了她的意思，她是为了能和那个帅哥多待一会儿，继续上两层。

　　帅哥似乎并没有注意到我们明明到了却没有出电梯，继续看手机。电梯很快就到了第 18 层，他收起手机，大步流星地走了出去。电梯里还有其他人，也不太方便聊天，我和晓菲便也走了出去，顺着楼梯往下走。

　　"你该不会是看上那个男的了吧？"我终于道出了心中的疑问。

　　"正是呢！怎么办啊！"刚刚那种局促的状态一下子不见了，晓菲终于恢复了常态。

"那能怎么办，去追呗！"

"那多不好意思啊！"

"不容易啊，想不到你还会有不好意思的事！"

"遇见他之前，我也以为没什么我不敢做的事情。但是现在一看见他，我的脑子就全乱了。"

爱情真是个奇怪的东西，它会让你疯狂地想念一个人，会让你觉得你有千言万语要对对方说，但是当你真的见到了那个朝思暮想的人，却又紧张得一句话也说不出来。

晓菲喜欢的那个人在我们楼上的楼上上班，虽然中间只隔了一个楼层，但是晓菲却觉得，那简直是隔了一个世界。有一次在拥挤的电梯里，她的文件被挤掉了一地。那个男人恰好也在电梯里，顺手就帮她捡起来几张。就是这样简单的邂逅，从此成就了晓菲魂牵梦萦的相思。

有时候见到，他们会简单地打个招呼，但是再深入地交流就没有了。即便是这样，晓菲也总会激动不已。

晓菲一直在等待着，希望能有一个机会，可以让他们在一起待的时间长一些，比如电梯里只有他们两个，然后电梯突然发生故障，最好把他们关在一起两天三天的。

遗憾的是，晓菲一直没有等到电梯坏掉，甚至连只有他们两个在电梯的机会都没有，每一次遇见他，他们身边都站着"一大票"人。

2011 年的 11 月 11 日晚上，晓菲给我打来电话，呜咽着说，她失恋了，叫我出去陪她过"光棍节"。

当我开车到达晓菲所在的小餐馆时，她已经一个人喝了不少酒。她惨兮兮地笑着说："今年是 2011 年，今天是 11 月 11 日，这六个'1'说明了今年光棍的严重性，凭什么他就脱单了呢！"有些醉意的晓菲东一句西一句地胡扯，天南海北，古往今来，但是无论说什么，总是不知不觉地就扯到了爱情、婚姻的问题上。

原来是晓菲一直喜欢的男人有女朋友了，晓菲还拍到了照片，她把那些照片翻给我看。照片上的女孩子大大的眼睛，长发披肩，身材苗条而修长。她的脸上化着淡淡的妆，身上穿着时髦的短裙和长筒靴。这样精致的女孩子，应该是哪一个男人见了都会心动的吧。

其实晓菲的相貌不错，肌肤白白嫩嫩的，就是多余的肉比较多。再加上那假小子一样的短发，更是让人不舒服。我劝她，如果你想知道那个男人为什么对你没有兴趣，那就和他现在的女朋友比一比吧。

其实我很想直截了当地说，你减减肥吧。但是又担心会伤害到晓菲的自尊心，还是换了一种说法。

晓菲若有所思。看了一会儿，又想了一会儿，然后郑重其事一口吞下一杯酒，说道："我决定了，从今天开始减肥，留长发。"

从那天起，晓菲真的开始精心打造自己了。她开始了自己为期两年的"美女计划",并制订了详细的方案。

首先,晓菲下狠心为自己买了一套高档的化妆品,学着化妆。然后把柜里大部分的"男装"都翻了出来,该丢掉的丢掉,该送人的送人。然后叫我陪着她选购了几件比较淑女的衣服。有一条非常漂亮的裙子,但是最大码的晓菲穿上后都拉不上拉链。她还固执地尝试,非常用力地向上提,最后店员大概是怕她把衣服搞坏了,干脆劝她看看别的衣服。但是晓菲总是能做出出人意料的事情。她竟然把那个最小码的买了下来。

晓菲说:"回家我就把它挂墙上,用它来激励我减肥。"

之后,晓菲报了个瑜伽班,每周都坚持去练瑜伽。为了减肥,她甚至有一段时间连晚饭都不吃,还要坚持跑步。

当2012年的夏天来临时,晓菲已经有了明显的变化。头发长到了耳际,身上的肥肉也少了不少,听晓菲说,那时候已经瘦了将近十公斤。

没有丑女人,只有懒女人。对一个女人来说,后天的保养与修炼是非常重要的。晓菲的变化,让公司的人都有些吃惊,只有我知道她的动力来源是什么。

当2013年的夏天到来时,晓菲的计划已经完全成功了。她把头发烫了个小梨花的发型,衬着精致的瓜子脸显得非常漂亮。瘦下来以后,她开始穿高跟鞋。甚至连那种又细又高的鞋,她也能应付下来。

一时间，晓菲身边的追求者多了起来。她已经完全从那场单恋的阴影中走了出来，每天依然笑嘻嘻的，有时候遇见那个曾经被她喜欢得死去活来的男人，她也不再激动，有时候甚至连个招呼都不打。

晓菲的变化是可喜的。人的一生中要遇见两场爱情，一个惊艳了时光，一个温柔了岁月。或许，每个人心中都有一个可望而不可即的身影，那个人被埋藏在自己的心里，而自己所做的一切，都时不时地流露出那个人的影子来。

因为吃过等待的亏，晓菲再也不做守株待兔的人。我看着她一步步长大，一步步成熟，就像一朵花在土壤里生根发芽，直到鲜花盛放。

有些人，有些事，如果你错过了，就一去不再来。等待，为我们拖延了时间，却缩短了幸福。世界上即将到来的却又永远不会到来的是什么？——是"明天"。

明日复明日，明日何其多？我生待明日，万事成蹉跎。多少人被等待所累，直到华年成暮，才无比叹息自己这一生的生活。

放弃等待吧，去放手一搏，追求属于自己的幸福。

这个世界上很多美丽的东西都是稍纵即逝的。是什么样的年纪，就应该做什么样的事情。有些年纪轻轻的人，常常显露出一副老气横秋的样子，除了工作，绝大部分时间都躲在家里看电视、上网、吃零食、睡觉，也不出去旅行，朋友也很少。他们的生活，似乎在家与公司的小小距离之间禁锢，一眼就能望穿 50 年后的生活。

他们觉得那种生活不错，起码这辈子能保证衣食无忧，不用担心自己的饭碗。其实，在这样一个时代里，我们应该关注的不是饭碗，而是生活的质量。

有些年轻人努力打拼着，每天忙工作，忙社交，忙旅行，生活热闹得不得了。有人说他们把自己搞得那么累，不懂得生活，不注重自己的健康。其实不然。越是努力的人，往往对自己的要求也越高。他们会十几年甚至几十年都保持自己美好的身材与精致的脸蛋。他们懂得如何保养，如何养生，如何在这个喧嚣的世界里寻找一方宁静的土地。他们忙，却忙得充实，忙得快乐。

那些生活有质量的人不会随随便便和别人诉苦，因为那些苦，总是为了美好生活要付出的代价。如果我们不对自己狠一些，生活就会对我们更狠。

年轻就是本钱，稍纵即逝的青春容不得你太多的等待与犹豫。唯有珍惜现在，活在当下，才能为未来创造一个美好的前程。

用坚持和努力来回报青春

我们在很小的时候就已经将"宝剑锋从磨砺出，梅花香自苦寒来""少壮不努力，老大徒伤悲"等句子背得滚瓜烂熟。曾经，我们在 40 分钟的小学课堂上将诗句背熟，但是却要用一生的时间去感悟。

世界上每一个人就像树叶，千片万片，总是千差万别。有的人甘愿跪在街头当一名乞丐，虽然衣衫褴褛却也自得其乐；有的人苦苦求索，不甘平庸，总要大鹏展翅，遨游天际；有的人深陷痛苦不能自拔，为一件鸡毛蒜皮的小事寻死觅活；有的人胸怀坦荡，额上跑马、肚里撑船都不在话下；有的人好逸恶劳，整天衣来伸手饭来张口，成了社会上令人不齿的"啃老族"；有的人闻鸡起舞、磨穿铁砚，辛辛苦苦经营着自己最爱的事业，纵然忙碌，却永远乐此不疲……

"莫等闲，白了少年头，空悲切。"人生百年看似漫长，其实又何其短暂。都说人生如戏，但是这如戏的人生却没有给我们机会彩排。我们唯有用心把握生命中的每一秒，才不致留下无法挽回的遗憾。

不要在最应该奋斗的时候选择了安逸。青春是一张有时间限制的优惠卡，如果你肆意地挥霍光阴，纵然在苍颜白发时幡然醒悟，却已经无法再使用那张青春的优惠卡了。

常言道："人往高处走，水往低处流。"每个人，都该有自己专属的方向，并持之以恒地走下去，向着心中的方向努力前行。在逐梦的路上，很多人不是败给了惊涛骇浪，而是败给了自己薄弱的意志。他们三天打鱼，两天晒网，虽然也有自己的方向，却总是无法坚持下去。

我们常常说要不畏风雨，不怕打击。事实上，我们遇到的大风大浪并不多，有那么一次两次就足够了。而那些其余的岁月里，我们必须努力坚持着。只有守得住最平凡的忙碌，才有资格接受万人敬仰的目光。

屠格涅夫在《罗亭》中这样说道："我们的生命虽然短暂而且渺小，但是伟大的一切都由人的手所造成的；人生在世，意识到自己这种崇高的任务，那就是他们人生中无上的快乐。"我们不必为自己渺若尘埃的存在而感到自卑，也不必为自己万物主宰的身份而自负，只需一颗平淡的心，平淡地看一切纷繁荣辱，然后把握好自己生命中的每一步，如此足矣。

　　我常常会想，人生一世，究竟是为何而来呢？有人说，世界上最大的讽刺，莫过于人一生所有的荣辱悲欢都要归于零，到最后尘归尘、土归土，仿佛这个人在世界上从来不曾存在过。不过，就算一个人一生最后归于零，他在人世间留下的痕迹却是无法抹杀的。最重要的是，他真真切切地走了这一遭，体验过、感受过、享受过、存在过，这一切，便已经证明了他这一生的价值。

　　我们不会因为吃饱了还会饿就不再吃东西，也不会因为衣服洗完还会脏就不再洗衣服，所以，我们更不会因为生命最终要走向终结就选择不去生活。有时候过程比结果更重要，因为这一场切身的体会，是无论你用多少书、多少文字，都无法堆砌出来的。

　　这个过程中所有的痛苦与欢笑，最终都会被打上美好的记号。就像童年时代一场天真的"决斗"，虽然那时候"杀气冲天""怒发冲冠"，但是多年后想起，是何其快乐的回忆。

　　人生如同一场投资，而青春就是自己最重要的本钱。

　　有一次去昆明出差，我认识了一个叫金楠的姑娘。她是河南人，15岁就出来打工。这些年来，她一边辛苦工作，一边广泛读书，学习了很多东西。

　　金楠的第一份工作是在大连的一个海产养殖厂。按照工厂的年龄要求，她是不可以在那里工作的，但是家里在给她报户口的时候多报了3岁，大概是早就预料到了这个问题，于是，

15 岁的金楠以 18 岁的身份顺理成章地成了海产养殖厂的一名工人。

认识金楠是在 2011 年的夏天，那一年她刚好 20 岁。她的脸上充满了朝气蓬勃的气息，那种自信如同三月暖阳，让人感到有一种源源不断的动力从她心底流出，同时也感染着我。

那时候金楠已经是一个化妆师了。她离开海产养殖厂后，又做过服装售货员、药品推销员，甚至工资日结的发传单等诸多工作。她把自己攒的钱一半寄给家里的弟弟做学费，另一半留下做自己的生活费和学习投资。当她终于攒够了去技校学习化妆的学费后，马上就辞掉了自己的工作，专心致志地去学习了化妆技术。

十七八岁的年纪，有多少人能够自食其力呢？有很多人，都在一面花着父母的钱，一面又叛逆地与父母顶着嘴。而金楠不仅自食其力，还能贴补家里。当她说起那些经历时，脸上是兴奋的、骄傲的。如果不是那张稚嫩未脱的脸庞，我几乎忘了她是个"90后"——那个被认为是叛逆与疯狂的群体中的一员。

一个女孩子离乡背井地漂泊着，奋战着，所有的艰难与辛酸，只有她自己最清楚。然而，她对那些艰难辛酸似乎毫不以为意，说到梦想，说到未来，她的双眼中便闪烁出耀眼的光芒来，为她俏丽的面庞更增添了一份别样的美丽。

只有拼搏的青春才无怨无悔，只有奋斗的人生才终不遗憾。

这个奋战在青春战场上的90后女孩让我感受到了一种蓬勃的力量，仿佛肩膀上都莫名地出现了一种要萌生翅膀的感觉。

前些天，金楠打电话告诉我，她和朋友合资的影楼马上就要开张了。这个消息让我兴奋不已，我相信，她一定会越来越出色的。我始终相信，最美丽的女孩子，不是靠漂亮的脸蛋或婀娜的身姿来博得世人喜爱的，也不是靠浓妆艳抹的自拍照和高超的PS技术来哗众取宠的，更不是靠各种亲爹干爹来实现自己所谓的"公主梦"的。最美丽的女孩子，应该是有梦想并敢于坚持和奋斗的，她们绝不会靠撒娇胡闹的泪水来出卖自己的肉体，而是用拼搏奋斗的汗水来滋养美丽的灵魂。她们敢爱敢恨，敢作敢为，因为赌得起梦想，所以才赢得起人生。

每一个成功的人，都绝不缺乏承担艰苦的勇气，他们能够守得云开见月明，正是因为不懈的坚持与努力。"骐骥一跃，不能十步，驽马十驾，功在不舍。"只要你勇于坚持，守得住平凡，耐得住艰辛，总有一天，你会成为自己想要成为的人。

成功，贵在坚持。不要在黎明到来之前，你却高举双手投降给了黑暗。有多少次成功，其实只要你再坚持一点点，就能跨越失败的深渊。每个人心中都有一个成功梦，只是最后真正能成功的，总是少数人。吃得起大苦，才赚得到大钱，吃得起小苦，只能赚得到小钱，至于吃不起苦的，也就肯定赚钱无缘了。人活在世上，不必自命清高地高呼"我不是为了赚钱的"，其实对于金钱，只要你取之有道、用之有度就好。只有自己的经济基础有了稳固的保障，才能更进一步地发展上层建筑。

生活就是这样，如果你害怕吃苦，往往会苦一辈子，但是，如果你不怕吃苦，反而只是苦一阵子。只有经得住艰苦的考验，才能扬帆远航，纵是天堑，也可以成为通途。

在失败的黑色土壤里，我们可以开出绚丽的花来。每一栋拔地而起的大楼，都有那么一部分埋在地下的地基。就像成功的辉煌背后，总有许多不为人知的心酸。不要空自羡慕别人的荣耀，先看一看自己脚下的路，是否已经迈过了失败那道坎儿。

第七章

假如末日没有到来，那就
认真生活下去吧

在最需要奋斗的年华里勇敢前行

陶渊明在诗中说："盛年不重来，一日难再晨。及时当勉励，岁月不待人。"珍惜青春最好的途径，就是奋斗。生命没有完美，总有需要补足的地方。或许现实对我们不够好，比如上天没有给我们一副美丽的脸蛋，一个完美的身材，或是没给我们一个富有的家庭，一个优质的爱人，抑或是没有赐予我们一些金灿灿的机会……

浮躁时代，"现实"这个词常常被提及，如"现实就是如此""现实逼迫我这样""理想很丰满，现实很骨感""在现实面前，所有的海誓山盟都苍白无力"等等，以至于人们谈起现实的时候，往往会满腹牢骚，互相吐槽，仿佛我们生活在一个无可救药的社会。

青葱岁月里，我们除了不可避免地迷茫之外，还要留出一份空间给自己思考和选择。

117

年华匆匆，我们有时候会回首，有时候会瞻望，但最终，我们的目光必须落在当下，这个奋斗的年龄。世上没有颗粒无收的努力，只是今日播撒的种子，或许是在一个我们看不到、意识不到的地方发芽。

童年时，挥霍时光是无须惭愧的。那时，我们不需要奋斗，只管快乐，只需成长。所以，每个人的童年都是一生中最惬意的时光，父母是可以完全依赖的天地，不必因为生计沾染使人不愉快的事情。

老年时，奋斗是一首无力的歌，有人仍然为了生计奔波，但已经是无奈的延续动作。人生规划中，老年是应该看淡了世事，笑看风云的阶段。

最需要奋斗的年纪，是 20 岁到 30 岁（40 岁到 50 岁也需要奋斗，但不是最需要奋斗的时候）。这是一个转折期，我们会从家庭与校园的温馨摇篮中走出来，独自面对社会上的风风雨雨。在这十年之中，我们的社会经验虽然逐渐丰富，但却没达到成型的模样，处世的规则还没有完全掌握，就像摸着石头过河，我们无法估量下一步会遇到什么，很多事情往往出乎自己的意料，甚至会与自己所想完全相反。

既然 20 多岁的年纪是不成熟的，既然很多事情是无法避免的，那怎样应对，才能做好准备，迎接下一个黎明的到来呢？

最重要的是认清现实，我们身上的标签都是现实状况的一种变形传递，所以前进的第一要义就是——认清现实。

所有成功的人物，都是从认清现实开始的，比如鲁迅，在他那个时代，混乱不堪，国将不国，看上去就要"灭亡"了，鲁迅怀抱着一腔热血去做医生，想拯救人们身体的疾病，但一些现实让他认识到，大家的身体好了，没有健康的精神，也还是难免要做亡国奴的，所以他拿起笔作为武器，揭发统治者的黑暗，从精神上来治愈人们的疾病，唤醒那些麻木不仁的灵魂，重新燃起希望的火焰。

人生就是一条河流，此路不通，就将自己的力量汇聚起来，冲开另外一条路，这才是活的人生。从古至今，有很多革命者勇于挑战现实，冲破保守的教条，就是因为他们认清了现实，懂得着眼于实际。如果人人都故步自封，社会也将无从发展。

在不同的时空里，我们会面临不同的情况。聪明的人懂得与时俱进的道理，敢于做时代的弄潮儿。不同的道理，不同的规则，都必须有其适应的土壤。在封建社会里，三纲五常、三从四德是人们非常看重的礼仪标准，但是在今天，这样的教条早已被时代所摒弃。我们不能活在过去的岁月里，也不能跳跃到未来的时光中，唯有活在当下，才能营建一片属于自己的天地。

能够认清现实的人，就迈出了非常重要的一步了。我们需要整理自己。"整理"自己包括很多方面，要整理自己以前的成绩，知道自己有多少斤两，有多少能力。用最通俗的话来说，我们要知道自己能做什么，才能要求别人给我们什么。

要整理自己当下的所得，除了物质收获，我们还有经验的收获、心智的收获，这些点点滴滴的进步尽管很难被清晰地意识到，但它们确实是存在的，量变达到了一定程度，我们就要知道自己身上的质变。

对于未来，满腔热血的人并不少，成功的人却并不多，因为贸然进取往往失败，考虑周详再前进，这是二十几岁的人应该学会的。需要注意的是，目标不应该过大，更不应该过多，过大的目标可以成为梦想，过多的目标则是一堆乱麻，一个明白自己实力的人，可能会定很大的目标，但不会定过多的目标，过多的目标是对进取心的吞噬。

钢铁大王安德鲁·卡内基说："随着年龄的增长，我越来越不看重人们的言语，我只看他们的行动。"被轻视的人，梦想永远挂在嘴上；而被尊重的人，梦想一直践行在路上。现实始终是残酷的，它摆在那里，等待超越。

天下大事必作于细，天下难事必作于易。每一分耕耘，都会有不同的收获。韶华易逝，不要等到老态龙钟，才对现在的安逸享乐追悔莫及。认清现实，整理好自己的行囊，就算前路荆棘满

布，我们也要勇敢前行。这个世界上有太多的未知，每一步我们
都要仔细思量。成功绝不是一蹴而就的，但是失败绝对可以一击
即溃。生命中的每一个转折，乃至每一个细节，我们都要细细揣
摩，不要因为一次失误，而满盘皆输。

不能靠心情活着，而要靠心态去生活

心情与心态是两个完全不同的概念。虽然只差了一个字，但是却有着天壤之别。

心情是短暂的，是喜悦，是哀怒，是悲恐，是忧惧，都是一时的变化。心态则是一种恒久的人格特征，在心态的影响之下，人会纠正不良情绪，朝着自己预设的方向前进。

聪明的人懂得如何靠心态生活，而不是靠心情活着。生活中，我们常常会遇见一些很容易大喜大悲的人。这样的人并非愚蠢，只是心智还不成熟，虽然身体已经是一个成年人，但是心理上依然是个孩子。他们的情绪变化起伏不定，会因为得到了一个小小的东西而欢天喜地，也会因为一点鸡毛蒜皮的小事而大发雷霆。

靠心情活着的人往往都是人格不稳定的。他们没有健全自己的意识，如蒙眼的鸟儿，永远不知道下一步的遇见会对自己造成什么样的影响，也永远不知道该怎样应对生活加给自己的种种磨难。大喜大悲，大起大落，都是这种人的特征。

靠心态生活的人，才会宁静豁达，看庭前花开花落，随天外云卷云舒，风雨雷电，我自岿然不动。这样，无论遇到什么都能用自己的理智处理，做出最好的判断、最好的选择，将命运牢牢掌握在自己的手中。面对生活的阴晴圆缺，最好的状态莫过于，接受世界的不完美，但仍旧相信美好。

西方文坛巨匠卡夫卡，这位划时代的优秀作家，他的一生就是由"靠心情活着"到"靠心态活着"成功转折的一个典型。少年时期的卡夫卡，是一个敏感的"文艺青年"，生活中的点点滴滴、有意无意的小事情都会使他思量许久。心思重，则忧虑生，所以他经常会陷入忧虑之中。

一天，因为同学的几句不经意的话，卡夫卡怒从心生，但又无处发泄，于是跑到家里的苹果园中，坐着发呆。他的爷爷早就注意到孙子的异常，他来到果园中，拍拍卡夫卡的肩膀，什么话也没说，沉默了一会儿，然后指着一棵枝干粗糙的苹果树和一棵枝干细腻的苹果树说："你觉得这两棵树有什么不同？"卡夫卡抬头看了看，说："一棵粗糙，一棵细腻。"

爷爷有深意地笑了笑，说："这棵皮质细腻的，尽管漂亮，但内在空虚，只能结出几个苹果，而那棵皮质粗糙的，尽管不好看，但经历过许多的风雨，内在坚硬，每年都会结好多的果子。一个人最重要的东西，也是内在的心态，只有善于自我反省，才能成为不俗之人。你有一颗敏感的心，敏感固然好，敏感能带来细致，带来艺术灵感，你的观察能力是很好的。但敏感过分就会使人多疑，多疑则会影响你的人际关系，这就是不好的，如何保持细致，而不多疑，你要好好想一想。"

卡夫卡听了爷爷这意味深长的话，心中豁然开朗。黑暗阴郁的世界，瞬间被一盏航灯照亮了。从此以后，卡夫卡虽然还会因为一些小事郁闷烦心，但他学着用爷爷的话打压那个"恶魔般"的自己。渐渐地，他能"操控"自己的大部分情绪了，随着年龄的增长与人生阅历的增加，他的人生经验逐渐丰富，并写出了旷世奇作——《变形记》。

在我们的现实生活中，有很多"少年时期的卡夫卡"，他们敏感而脆弱，别人一句不经意的话，到了他们耳朵里就会产生各种奇异的效果。他们的想象力似乎异常丰富，心情常常大起大落。他们会把自己的想象转化成滔滔不绝的抱怨，向身边的人诉说个没完。

怨天尤人的情绪会使人产生一种"愤世嫉俗"的感觉，仿佛自己脱离了这个世界，不屑于与任何人妥协。实际上，人们每消极抱怨一次自己的处境，就会离"世俗"深渊更近一步，以至于视野越来越狭窄，再也无法突破自己。抱怨就像一条锁链，自己把自己锁在痛苦的一隅。明明是自己在自己施加的阴影里画地为牢，却拼命指责这个世界充满不公。

时间是治愈一切痛苦的良药。只不过有的人用了很短的时间就走出了痛苦的阴影，而有些人却用了很多天，甚至很多年。当一切归于风轻云淡，你就会发现，曾经拼命想要得到的东西，已经毫无价值，曾经怎么也放不下的人，已经成了一个若有若无的梦。而生活，还在继续。人们常常慨叹幸福不是永恒的，其实，痛苦也不会永恒。

网络上有一个很时髦的词，叫"攒人品"。"攒人品"是指通过帮助别人，来提升自己的运气，减少自己倒霉事情的发生。有时候也指吃了亏不要伤心。

"攒人品"是一个新生的词汇，实际上，这种理念古已有之。回溯历史，我们会看到早在两千多年，老子就已经提出了这种观念。

老子这样说道："治人事天，莫若啬。夫唯啬，是谓早服；早服谓之重积德；重积德则无不克。"意思是说，治理人民遵从上天安排，莫若"啬"（"啬"是少做的意思，不要轻举妄动，学会守静），只有安安静静地思量，不要贸然行动，才能早做安排（不然，就会被轻举妄动带来的后果束缚住）。早做安排，就是"重视积累德行"（即攒人品），懂得积累德行的人，做什么事情都会成功的。

所谓"攒人品"，其实就是积德。当我们自以为时髦地说着"为自己攒人品"的时候，殊不知，早在两千多年以前，老子就已经提出来了，并做了系统的论述。积累德行的方法是：早做安排，绝对不可以妄自行动，导致摊子难以收拾。

有一项研究表明，人在沟通的时候，七成是在交流语气，三成是内容。人为万物之灵，当然有自己的个性，沟通个性就是——情绪化。

只有不被情绪化的东西束缚住的人，才能理性思考，理性分析，理性判断，理性计划，理性地实现自己的目标，获得成功。成功尚且不是最终追求，最重要的是稳定自己的心性。有了稳定的心性，人就会看淡无所谓的琐事，反过来，无所谓的琐事也就不会找到我们了。有了稳定的心性，人就会为自己的未来做好打算，做好计划，分清层次，积累德行，实现预期目标的可能性就要大得多。

生活中，我们唯有摆脱心情的藩篱，才能获得永久持续的心态。

养成良好心态这一过程，在我国古代是从小培养的。孩子6岁启蒙，后入私塾学习四书五经，写文章。这种方式是好是坏，我们不是那时候的人，难以确定。但可以确定的是，今天没有受过四书五经教育的人，往往也可以从中体会到很多做人的道理。用自己的经验去观照"大道理"，这是中国人得天独厚的条件，我们要学会利用，一旦掌握，终身受用。

良好心态养成是随着生活阅历不断进行的。孔子曰："见贤思齐焉，见不贤而内自省也。"在学生时期，与心智不成熟的人交往，我们能很好地学习一些反面教材。在社会上，与成熟的人交往，我们不仅能学习他们的交际技巧，还可以反省自己有没有这些人的缺点，这都是很好的方法。

当代著名的文学家兼哲学家徐子健先生曾经在一次演讲中提到："我们一定要学会为自己，这不丢人，且是生存的必需，一个不知道为自己打算的人，怎么能让自己立在世界上呢？一个立不起来的人，怎么可能会立别人，帮助别人，为这个世界的公平和正义去奋斗呢？我们要为自己，物质上要为自己，心态上更要为自己，这样，哪怕物质上一无所有了，我们的心态还是会拯救我们。"

看过电影《一九四二》的人应该能注意到里面的一个片段，灾害发生，河南人避灾迁移，历经艰难困苦，地主和大家一样，都一无所有了，但是他自信地说："给我十年的时间，我还是你的主人。"

该是怎样的力量，能够让一个人在一无所有的境况下依然如此自信？或许是因为成功过，所以他在心中坚信，可以依靠那些经验东山再起。不过，最重要的原因，是源自他良好的心态，哪怕一无所有，也要重新创造出一个崭新的属于自己的天地。

心态是一种生命的沉淀，是一种激越的宁静。

总有人问："人活着是为了什么？"有人说，世界上最大的讽刺，莫过于你明知道活到最后总是避免不了死亡，但还是要活下去。人之所以活着，不是为了那个最后的死亡的结果，而是为了享受生命的美好过程，为了创造人生的价值，即便生命陨落，人世间依然留有你的痕迹。给自己一个良好的心态，才能更好地把握人生，把握专属于你自己的精彩。

如果观察一下身边那些成就斐然的人，你就会发现，他们很少发牢骚，而是注重实际，不为鸡毛蒜皮的小事所困扰。我们看了太多的文艺作品，养成了太浓厚的文艺气质，这是弱的气质，这形成不了刚健的性格，唯有积极面对生活的丑恶，找到释放自己本质力量的途径，日复一日，年复一年地坚持去做，才能得到我们想要的东西。

成年之后最好的状态，是面对事情的沉着、从容及冷静。而面对身边人的时候，却有着孩童一样单纯的微笑。

阳光即使穿过缝隙，也可以温暖生活。不为过去牵绊，不对未来恐惧，多努力，才是生活最质朴的模样。上帝是公平的，他不会把所有的美好集中到某个人身上，于是我们都有所感恩，也有所遗憾。而其实决定一个人生活品质的关键，就是如何对待遗憾。

成年之后并不等于成熟

古时候，20 岁的男子会行冠礼，称为加冠。今天，国家的法律明文规定，18 岁以上的人叫成年人，也有人认为，如今中国的成年年龄，应该在 23 岁到 24 岁——大学生毕业的年纪。

无论成年的年龄是多少，成年并不意味着成熟。成年人和孩子之间有什么不同？估计人们给出的最普遍的答案，是一个被提及无数次的词——"成熟"。是的，正常的成年人，都会有成熟的特质，但是事实上，很多成年人并没有成熟，尽管他们都已成年。

而正是因为有了这些不成熟的"成年人"，才有了催熟这些不成熟的成年人的东西。网络上流传着的那些以《成熟男人必须要做到的事》《这样的女人才是成熟的女人》《真正成熟的表现》之类为标题的文章，仔细读来，不过是一些人对成熟表现的总结，更有甚者不过是一些人根据自己的喜好编辑而成的，其真实性可想而知，偏偏有不少人就那么信了，于是照着文章里写的去做，以为这样做自己就成熟了，其实何其荒谬。

对于这种现象，当代著名哲学家徐子建先生曾经在访谈中提到过：我对于市面上那些怎么才算成熟的人的这种书，我首先是不会嗤之以鼻的，什么书都有自己的价值，我们也会翻阅一会儿，看看有什么是自己想不到的，当然，这些书不翻阅也不妨事，因为没有一个人是因为看这些书变得成熟的。

在很多人身上，我们看到了这样一个奇怪的现象：成年与成熟不对等。这种身体与心灵的不协调，让人们失去了人生的航向，迷茫、困惑，如同重重迷障，拦住了眼前的路。书中的道理，我们看过千百遍，然而那些文字却只是浮于心灵的表层，无法融入自己的血液。就像前不久风靡一时的《后会无期》中的一句经典台词：听过很多道理，却依然过不好这一生。

成熟，是懂得真诚地生活，懂得积极地架构自己的内心世界，人是为自己而活，不是为别人而活，若是为了别人眼中的高贵优雅，谈吐大方，温和懂事，通情达理，大度、理解、关怀、体贴都不带有一丝一毫的感情，反而令自己感到疲惫和乏味，生活岂不是太辛苦、太为难？

成熟的概念，在每个人的生命里有着不同的定义。有时候，成熟是一个漫长的过程；有时候，成熟也会是某一个瞬间。很喜欢余秋雨先生在《苏东坡突围》的结尾处对成熟的形容："成熟是一种明亮而不刺眼的光辉，一种圆润而不腻耳的音响，一种不再需要对别人察言观色的，一种终于停止向周围申诉求告的大气，一种不理会哄闹的微笑，一种洗刷了偏激的冷漠，一种无须声张的厚实，一种能够看得很远却又并不陡峭的高度。"

这才是真正的成熟吧。

每天大呼小叫地标榜着"我成熟了"的人，一定是不成熟的。只有经过岁月的淬炼，懂得了生命的真谛后，才明白成熟是一种心态，也是一种人生的高度。

有人以为成熟就是世故，能够熟稔地游走在各种人际关系之中，任凭世俗磨去了昔日的棱角，脸上永远挂着僵硬而冷漠的微笑。实际上，那并不是成熟，而是一种精神世界的衰退。

每个人身上都有一些棱角。那些棱角是我们的标志，或许在青春年少时，棱角总会给我们带来各种各样的麻烦，但是在融入社会后就会发现，其实棱角也会为我们指引人生的航向。

我曾经看过这样一幅漫画：几个不规则的方块和一个圆球一起走路，圆球本来也是方块，但是为了走得更快，就将自己的棱角全部磨掉。漫画旁边配上了一句发人深省的话：磨去棱角虽然会走得比别人更快，但是到了下坡路也会比别人滚得更远。

我们需要棱角，但有时候也不得不承认，棱角就像刺猬身上的刺，在保护自己的同时也刺伤了别人。其实，我们可以给那些棱角加一些保护套，将它们巧妙地隐藏起来。不要轻易地被世俗打败，而卸去属于自己的棱角。真正成熟的人都是有个性的人，虽然他们的个性很强烈，却并没有人因此怨恨他们，厌恶他们。

成熟不是妥协，不是盲目，不是强迫。那是一种自然而然形成的状态，像山间由高处流向低处的泉水，像随风轻轻摆动的柳枝，像寒冷天气里人们口中呵出的白雾，像阳光晒在身上的温暖。如果妥协即是成熟，那真是天大的玩笑。

而成年后的种种执与迷，就是说的这种执念，这种沉迷。

执与迷都是走向成熟的障碍。我们经常发现，很多人潇洒地转身，潇洒地离开，然而，他们真的放下了吗？有多少人面容平静，内心却无比翻腾。他们学会的只是控制自己的表情和动作，不让人看出感情的波动；他们学会的只是控制自己的语音和语调，不让人听出情绪的起伏。他们能够忍耐人类本能的反应，一边心痛，一边微笑，看起来淡然优雅；一边愤怒，一边镇定，看起来波澜不惊；一边狂躁，一边温和，看起来彬彬有礼。

可是，他们骗不过自己的内心。回到一个人的空间后，他们也会泪崩，也会怒吼，也会摔打，那些平日里制造出的外壳瞬间被打破，本性得到了释放。释放之后，整个人都变得轻松许多，再想想平日里的自己，无奈地摇头，然后再次穿起华丽的衣裳，扬起无力的嘴角，整理脸上的泪痕，收起满心的情绪，这种是陷入了执念之中，不可自拔了。

执念不等于执着，执着让人有勇气、有动力，执念却让人有求而不得的痛苦和无尽的忌妒。执念，说得简单些是想不通，放不下，看不开，是一种不肯放弃的念头，也仅仅是一种念头而已。有执念的人往往会因为一件事、一样物或一个人纠结一生，这份纠结无论怎样都无法消除；他们的心中总有着一个欲求不满的缺口，无论如何都无法将它填满。

生活中，我们常常因为放不下，所以也拿不起。太过刻骨的执念，让我们深深地沉迷、沦陷，那些自以为是的小天地禁锢了我们的双脚，所以很多人明明年纪已经不小，却还是天真地固守在个人世界的一隅。

拿不起的根本原因往往不是个人能力问题，而是因为放不下。放下是一种心态，也是一种境界。不过，真正的放下也并非刻意地完全不去理睬，不在意身边的人和事，对一切事情漠不关心，冷眼旁观，也不是不付真心，把一切来去都看成昙花一现。放下，是一种内心的感悟，看清楚这是怎样的一个世界，然后让自己变得更好。

当执念不在，才会更清楚自己真正要的是什么，才能不被现实中的一些假象所迷惑。当执念散尽，才能用一颗平常心去面对生活，面对世界，面对他人，面对自己。这时，我们会发现，世界比我们之前看到的美丽许多，生活也比我们之前经历的容易许多。

很多时候，很多人，为了苦苦追求一件不属于、不适合自己的事物，放弃了甚至推开了许多珍贵礼物。执念中的人们，时常感到很累，很不快乐，感到很失败，叹息为什么努力了那么久仍然一无所得。

不如，该走的让它走，不强行留下；该来的让它来，不刻意拒绝。顺其自然的人生，往往会比因执念而追求的人生更快乐，顺其自然的感情，往往会比强求而来的更幸福。

佛家认为，参禅有三重境："参禅之初，看山是山，看水是水；禅有悟时，看山不是山，看水不是水；禅中彻悟，看山仍然是山，看水仍然是水。"人生也有类似的三重境。

儿时的单纯让我们"看山是山，看水是水"，对世界的认识是直白的，眼中的一切都是简单的，看不到光芒中的黑暗，也看不到微笑中的悲伤；渐渐地，我们成长了，我们经历了，于是我们"看山不是山，看水不是水"，我们习惯挖出背后的真相，执着于还原事情的真实；只有我们真正成熟后，我们才会"看山仍是山，看水仍是水"，经历太多沧桑后，我们的心沉淀了，释然了，穿过那些干扰的迷雾，看到了本质。

人们总说，越长大，接触得越多，烦恼就越多。却不知，烦恼其实是庸人自扰。

当我们见到越来越多比以前好的东西，知道这世上还有多种比以前更好的生活，心中的羡慕与向往总是情不自禁地油然而生。然而你是否曾想过，那些东西和生活是否适合自己呢？

行走人生路，需要开阔眼界，而不是增加欲望。世上美好的东西太多了，没有人能够把它们全部占为己有，每个人都有机会拥有最适合自己的，所以不需要强行夺取其他人的。

见过了大千世界的种种，接触到了，感受到了，体会到了，却没有迷失自己的心性，仍然发现了真实的自我，获得了精神世界的丰收。这才是真正的成熟。

经得起喧嚣，受得了委屈，经得起诱惑，扛得住责任，耐得住寂寞，扔得下烦恼。心胸豁然开阔，自然会不计较眼前的微小得失，不与人盲目比较，不心浮气躁，不目光短浅，如此，也才能成事。

第八章

梦想很难实现，可我们

仍要全力追逐

小道理可用文字说清楚，大道理
只有伟大的沉默

中国香港已故的著名歌手张国荣有一首歌，名字叫《沉默是金》，多年前，这首歌风靡一时。人们之所以喜欢这首歌，不仅仅是因为其美妙的旋律，更因为其内蕴深刻的歌词。

"是错永不对，真永是真，任你怎说，安守我本分，始终相信沉默是金"，"笑骂由人，洒脱地做人"……对于广大歌迷来说，这已经不仅仅是歌词，随便拿出一句来，便可以当作自己一生的座右铭。

这是一个喧嚣的世界，虽然很多人依然记得多年前的那首《沉默是金》，只是心中却总是无法安静下来。浮躁的心，让人们满面铅华，真实的内心被种种牵绊重重包裹。有时候，虽然也想沉默一下，但是下一秒，就被现实卷进了喧嚣的洪流。

人们总是在拼命地表达着自己的看法与道理，却忘了聆听他人的心声。于是，说话的人越来越多，倾听的人越来越少；指挥的人越来越多，真正干活的人越来越少。

泰戈尔曾说："杯中的水是亮闪闪的，海里的水是黑沉沉的。小道理可用文字说清楚，大道理却只有伟大的沉默。"

其实，只有小道理才会成为人们吵得不可开交的焦点，而大道理，却只有沉默。

有这样一个寓言故事：

农夫家中养了一只叫多利的狗。一天，多利跑出去玩，结果迷了路，误入了狼群。与那些凶残的"同类"们在一起，多利害怕得要死。它不敢说话，生怕一张嘴就漏了馅儿。为了避免生出祸端，它决定缄口不语。只要它不说话，从外形上看，它与狼没有什么差别。

就这样，多利与那些狼相安无事地共处了两天。不过，一头高大的狼还是发现了它的异样，不过也仅仅是怀疑，它并不敢确定什么。为了试探一下，它问多利道："你是我们的同类吗？"

多利虽然心里非常害怕，但是依然装作一副非常深沉的样子，只是点了点头，没有说话，然后就镇定而骄傲地看着远方。

那头高大的狼更加奇怪了。晚上，它找到狼王，说出了自己的疑惑。狼王在战斗中受过伤，视力不太好，也没看清多利与别的狼有什么不同之处。但是它不想被别的狼知道自己视力不好的事情，便威严地反问道："它不是狼是什么？"

高大的狼盯着多利看了半天，忽然指着它的尾巴说："你看，它的尾巴和我们不一样！"

狼王为了掩饰自己的视力问题，便故作严肃地解释道："它的尾巴是和我并肩作战的时候受伤的，你们应该多多尊重它。"

有了狼王的解释，那头高大的狼再也不敢多话，大家都对多利刮目相看。

几天后，多利终于找到机会逃出了狼群，回到了农夫的家。

有时候，沉默要比大声地解释更有价值。就像诸葛亮的空城计，面对司马懿的千军万马，他依然能坐在城楼上气定神闲地弹琴。只是，我们常常无法承受严峻形势的逼迫，在问题面前，自乱了阵脚。

人与人之间说话的声音与心灵的距离是成反比的。如果两个人心灵的距离很远，那么只有大声叫喊，才能让彼此听见；如果距离很近，只需轻轻耳语，便能彼此了解。当两颗心紧紧地靠在一起时，无须语言的交流，彼此便能知晓对方的想法。

所以，当你沉默时，才是与别人距离最近的时候。在问题与矛盾面前，我们没有必要大失体统毫无风度地争吵，保持冷静的态度，在沉默中思考，才是最好的解决问题的途径。

真正有才华、有能力的人不会吵吵嚷嚷的，逢人就卖弄自己的学识。只有那些浅薄的人，才会越是缺乏什么，越是拼命地炫耀什么。

中国有句老话，"祸从口出，病从口入"，很多是非，都是因为说多了话而引起的。不说话不代表你没有想法，恰恰相反，有时候越是沉默的人，内心反而越是丰富。

大三时，同学们都确定了自己的目标。准备工作的，都开始忙着物色喜欢的工作和制作简历；准备考研的，也都忙着准备考研材料，起早贪黑地泡图书馆。

图书馆的自习室里，总是被那批浩浩荡荡的考研大军占领。去得晚，座位就没有了。有很多同学都是肩负重任———一个人要帮整个寝室的甚至更多的朋友占座，一大早等在图书馆自习室的门口，一开门就立刻冲进去，把空位占上一大片。

不过，在图书馆里有座位，并不代表这个同学一定会去图书馆学习。有时候临时有事，或者去了教室，图书馆里的座位就用不着了。于是就出现了这样的情况：常常有同学抱着一摞书累得满头大汗，跑遍了图书馆自习室也找不到空座位。

这个问题让很多人头疼不已。终于，有个忍无可忍的小伙伴"爆发"了，去图书管理处狠狠地投诉那些占座的同学。当天下午，整个图书馆掀起了一场"血雨腥风"：图书馆的扫地大妈们谨遵"上级"指示，将所有用来占座的东西，包括书、考研资料、笔记、水杯、衣服，甚至暖水袋等统统收了个精光，全部堆在图书馆一楼的大厅里，并郑重警告那些同学，如果再敢占座，后果自负！

得到消息的占座同学纷纷赶到图书馆一楼的大厅，在那座"占座武器"堆成的小山里仔细搜寻自己的东西。一般来讲，聪明的同学赶紧拿走自己的东西也就算了，图书馆也不会追究他们什么，占个座而已，又不是什么大错。但是，偏偏就有人"揭竿而起"，向图书馆提出抗议。

我不知道那名同学是怎么与图书馆的人沟通的，只是听说言辞比较激烈。第二天，我们就看到了学校发出的通报批评，对那名同学予以严肃警告。

在图书馆里占座的少说也要有两百人，但是却唯独那名同学遭到了通报批评，这不能不引发我们的思考。

有些坚持，或许从一开始就错了，即便你做出多么大的努力，也无济于事。如果你在一条错误的路上苦苦坚持，做出的努力越大，对自己的伤害也越大。

"众人皆醉我独醒"是一种境界，"众人皆醒我独醉"则是一种悲哀。有些时候，如果沉默能够解决问题，就没有必要再去大张旗鼓地理论一番。

沉默是金，也是人生的一笔财富。它潜藏在每一个人的心里，只是很多人都没有发现，也无法好好地把握利用这笔珍贵的财富。总有人不停地抱怨自己考试为什么没有通过，抱怨自己为什么没有别人漂亮，抱怨自己的工作为什么这么辛苦……其实，与其抱怨，不如冷静下来，闭上嘴巴在沉默中思考。

要学会适当的孤独

人生路途，每个人都该拥有独行的时光。信任自己的双脚，跋涉远方，面对自己的内心，坦然前行。

事实上，许多人惧怕孤独，与自己的灵魂单独相处，像是一种酷刑。时间的指针变得缓慢，呼吸变得绵长，空气中像是有了一个巨大的黑洞。

如果拉帮结派的娱乐，才能证明一个人的存在，恰恰证明了一个人存在感的微弱。其实，看一个人是否自信或是否足够优秀，看其能否享受孤独，就是一项重要指标。

不错，人是群体动物。我们见过太多人，花费了大量时间，去学会穿着得体的衣装，出席何种酒局与牌局，拥有别人认可的汽车和手表，把自己活成了大多数人认可的样子。

存在的意义，在他们的眼中，就是复制，就是追随。

而这样的塑造，注定是可悲的。越害怕孤独，反而越无法挣脱孤独。金钱、朋友、权力、爱情，都无法填满心里的失落。

事实上，孤独是财富，是必须拥有的独处时光。在拥挤的人群里，我们偶尔需要抽离自己，用旁观者的立场，去看待自己的选择，活得更透彻。

孤独是自己与自己的对话，也是独立思考的形成与巩固。它会让我们懂得聆听，但又保持自己的判断，不过分在意他人的看法，以及流于世俗的各种言论。

成熟的心智，往往是在孤独中培育起来的，当世界停止喧嚣，人们才有机会直面和审视自己的心灵。孤独不是自闭，不是逃避，而是在心灵里留有一片足够让自己沉淀的净土。

对于孤独，叔本华有一个形象生动的比喻。如果把社会人群比喻为一堆火，明智的人在取暖的时候懂得与火保持一段距离，而不会像傻瓜那样太过靠近火堆；后者在灼伤自己以后，就一头扎进寒冷的孤独中，大声地抱怨那灼人的火苗。

人生本是单行道，虽然很多人依赖群体，但生命本质上仍是一个人的修行。

所谓生命的尊严，首先要活得有自己的模样。网络上有过这样一种描述：一百年前人们躺着吸鸦片，一百年后人们躺着玩手机，姿势却有着惊人的相似。在集体的裹挟中，我们虽然在不一样的空间里，却形成了一样可怕的习惯。

我们可以与陌生人点燃一支烟，谈谈汽车与红酒，但要记得，那只是生活的点缀。比起面具化的社交，我更喜欢一个人纯粹的寂静和思索。

在霓虹灯中穿梭，谁能看见自己的影子？在纸醉金迷间沉浮，谁能听见自己的梦想？如果，匆忙是永恒的附属品，那么静静仰望一片天空，深情聆听一朵花开，静静品读一句诗歌，是否都已经成了奢望？

我们把少得可怜的独处时光交给电视、网络、电话或娱乐场所。于是，孤独成了一种越来越难以企及的精神境界，寂寞成了一种越来越深刻的心灵危机。

"要么庸俗，要么孤独"，这是叔本华的理想境界。当然，对于现实世界来说，未免苛刻。如果做不到，倒不如一分为二，将一半庸俗留给世俗，将一半孤独留给自己。

有些人想方设法排解寂寞与孤独，也有些人想方设法排解庸俗与喧嚣。这都是一种平衡。

有人独自面对孤灯，却内心充实；有人夜夜笙歌，心中仍有无边寂寞。可见，孤独不是一种选择，而是一种必然，不在于你在什么地方或者与什么人在一起，而在于你用什么样的心态去看待自己。曲终人散后留下的空虚，往往比孤独本身更可怕。

少些浮躁，多些安宁，不亦乐乎。

后悔留给软弱的人，而梦想
则留给有勇气的人

让你后悔终生的，往往不是你做过的事情，而是你没有做的事情。

很多人的梦想还不曾生长，就已"胎死腹中"。这不是因为现实的扼杀，而是因为勇气的匮乏。每个人都曾有过梦想的冲动，但是付诸实践的却不多。因为种种忧虑，浅尝辄止，最终放弃。

我想起一个同事。大概是在 2013 年年底的时候，因为工作特别忙，他每天都从家里带妻子准备好的便当作午餐，这样就不用回家吃饭了。有一次，他的妻子给他的便当里放了几大块鱼肉。在微波炉里热过之后，整个办公室都飘满了鱼肉的香味儿，大家纷纷羡慕他有口福，称赞他娶了个好媳妇。

大概是因为太得意，也大概是因为实在饿了，那哥们儿囫囵吞枣般把鱼肉吞了下去，结果被鱼刺卡到了嗓子。

然后几个同事纷纷帮他想办法，有一个带馒头的，赶紧把馒头给他掰了两块，说是噎一下能噎下去，但是除了把他的脸噎得通红之外毫无效果。大家又想到用醋，据说喝一点醋能把鱼刺泡软，就能咽下去了。但是公司哪里有什么醋呢？正好有几个同事去外面买饭了，大家就给他们中的一个打电话，拜托他们买瓶醋回来……

醋来了，但还是没有奏效。最后实在没办法，他只好请了半天假去医院。后来听他说，他跑了第一所医院，结果竟被医生告知，他那条大鱼刺扎得比较深，他们取不出来，并直接推荐他到另一所医院，说那里有专门拔鱼刺的。

让他震惊的是，那里居然排了好多人，都是去拔鱼刺的！他心有余悸地对我们说，医生最后是从鼻腔把仪器探进去才把鱼刺取出来的。虽然我没有看到那场景，但是想一想，也的确够骇人的了。

从那以后，那哥们儿谈鱼色变，再也不肯碰鱼。

生活中少有担心鱼刺就不肯吃鱼的人，但是总不乏担心挫折就不肯实践梦想的人。他们总是畏首畏尾，对梦想明明渴望不已，却从来不敢尝试。为了掩饰心中的懦弱，他们还要为自己找很多冠冕堂皇的理由。比如"时机还不成熟"，比如"我要忙的事情太多"，比如"亲戚朋友不赞成"……

年轻人就该有年轻人的勇气与毅力，就应该敢作敢当，为梦想放手一搏。勇敢做，勇敢错，抛开那许许多多的顾虑，为了心中的梦想好好地拼搏一场。唯有认真过，奋斗过，才不会在自己的人生中留下无法弥补的遗憾。纵然你被鱼刺卡到了，但是你还是尝到了鱼肉的美味。这种经历，这种感受，是别人无法体会到的。

　　我想起一个广为流传的故事：

　　有一个从未看见过海的人来到了海边，那里正被雾气笼罩着，天气很冷。望着波涛汹涌的海面，他不禁感叹道，我不喜欢海，幸亏我不是水手，做水手真是太危险了。

　　正好这时候，海岸边有一个水手，他们便交谈起来。他问水手："你怎么会喜欢海呢？这里有潮湿的雾气，又有寒冷刺骨的天气。"水手回答道："海不是经常都有雾又寒冷的，有时候，海是明亮美丽的。不过，不管什么样的天气，我都喜欢海。"水手还告诉他，"当一个水手热爱他的工作的时候，他不会想有什么危险，我家中的每一个人都非常喜欢海。"

　　那个看海的人继续问水手道："你父亲现在在何处呢？"

　　"他死在海里。"

　　"你的祖父呢？"

　　"死在大西洋里。"

　　"你的哥哥——"

　　"他在印度的一条河里游泳时，被一条鳄鱼吞食了。"

听到此，看海的人说道："如果我是你，我就永远也不到海里去。"

水手听后反问他道："你愿意告诉我你父亲死在哪里吗？"

"啊，他在床上断的气。"看海的人说。

"你的祖父呢？"

"也是死在床上。"

"这样说来，如果我是你，我就永远也不到床上去了吗。"

第一次读到这个故事还是在我读中学的时候，在一本语文练习册上，故事被当成一个小阅读刊载出来，最后一道题是问这篇短文说明了什么道理。

这个简单的故事给了我很深的震撼，以至于多年以后，我依然能清晰地记得这个故事。

有时候，我们就像故事里看海的那个人一样，因为害怕海浪而拒绝了整片海洋，因为一次雾气凝重天气寒冷就否定了各种天气下的海洋。

生活需要不停地挑战与接受挑战，需要勇敢执着地为梦想前行。失败并不可怕，可怕的是没有面对失败的勇气，在挫折面前滞留不前，甚至一蹶不振。有些人甚至还没有触碰到风险的边缘，就已经吓得打了退堂鼓。

你是否曾想过，当你放弃一个梦想的时候，你究竟在害怕什么？

其实，最可怕的不是挫折本身，而是自己的心态。如果你的内心在不停地向身体传输"我很害怕"的信息，你的身体就会止步不前。如果说吃鱼，那么避免不了会存在被鱼刺卡到的风险。有些事情，就算你明知道没有危险，但是最后你还是不敢面对，追根溯源，就是你不够勇敢。

勇敢是一种姿态，而决定这种姿态的，是你的心态。

有人总是把自己卑微到尘埃里，仰视着别人的成功，在羡慕与忌妒中自怨自艾。他们的条件并不差，只是少了一份勇气。大学毕业时，我的几个同学合伙开公司，现在已经小有规模。常常有同学说羡慕他们，说自己也想开公司创业，但是前一天晚上还热血沸腾地说着自己的梦想与对前景的预计，第二天就继续骑着电瓶车上班去了。

既然心中有梦想，为什么不去实践呢？机会留给有准备的人，而梦想则留给有勇气的人。只要你有勇气去追求你想要的生活，人生就一定会向着你想要的方向发展下去。

每个人的生命轨迹都不是天生的，就像手上的掌纹，无论它们有多么复杂，毕竟还是在你的手掌上，要记得用手掌控制掌纹，而不是掌纹控制手掌。我们是梦想的主人，要勇敢地去追求、去挑战，而不是梦想的奴隶，卑微地躲在生命的一隅，不敢触碰梦想的万丈光芒。

人生苦短，为什么不勇敢一些，去追求自己喜欢的生活？

很多人一辈子省吃俭用，舍不得吃舍不得穿，喜欢的东西也舍不得买，结果却把一生的积蓄全部花在了生命里最后三天的病床上。甚至有人还来不及花，就把那些钱变成了令子女们争抢的遗产。

这是多么不值得。

有人舍不得倒掉剩菜剩饭，结果每一顿都在吃剩菜剩饭。生活的好坏，总是由自己决定的。只要你想去做，就认真地去做，没有必要犹豫的。有人在经过几番激烈的思想斗争终于决定后，最终还是选择了放弃，给自己留下一生的遗憾。

有人想去旅行，但是想了好久，还是没有勇气背起行囊。还没有出发，他们就开始担心，如果遇上刮风下雨的天气怎么办？如果找不到路怎么办？如果遇到小偷怎么办？如果被人绑架了怎么办？……那些顾虑就像一条条钢丝绳，将心中最初的愿望死死地捆缚起来，最初的憧憬，也成了梦幻泡影。

大四的时候，体育学院的一个男生C发起了一个活动：号召喜欢旅行的同学和他一起开始千里骑行。一开始，很多人都非常感兴趣，各个学院报名的人加起来，竟有一百多人，其中甚至有不少是女生。这一百多人开始为历时一个月的骑行准备，最主要的一项准备，就是买自行车。结果仅仅是准备这一项，就有百分之八十的人打了退堂鼓，只剩下23名男生，他们买了自行车、帐篷等物，然后开始了"千里之行，始于轮下"的骑行。

C 同学率领着这支队伍从长春出发，计划骑行到北京。结果第二天，就有 12 个人返回了学校，原因是晚上在公路旁边搭帐篷，被蚊子叮了满身大包，连眼皮上都没能幸免。

剩下的那 11 个人继续前进。4 天后，又有 6 个同学回到了学校。原因是他们已经骑行到了沈阳，实在太累了，不想再坚持下去了，何况从长春到沈阳，他们已经完成了一站地，算是打了一小场胜仗，所以直接"凯旋"了。

那支最初有一百多人的队伍，却只剩下了 5 个人。当然这还不是最后，到最后，这支队伍只剩下了一个人，就是 C 同学。其余的四名同学后来也是在中途就返回了，只有 C 同学一个人坚持用 9 天时间骑行到了北京。他发了一张照片给大家看。照片上，他比出发前黑了很多，但是显得格外结实，腰杆挺得很直，叉开双腿，一只手高高举起了伴他千里骑行的最后伙伴——自行车，一只手做着"胜利"的手势。

那些原本也参加了骑行活动却没有坚持下来的同学羡慕得要命，甚至蠢蠢欲动地想再来一次骑行。

其实人生也如同一场骑行，很多人都有自己的梦想，只是因为缺乏勇气，所以只好放弃了梦想。当那些曾经同路而行的伙伴已经抵达了成功的巅峰时，他们又羡慕不已，羡慕之后，就继续自己松松垮垮的生活。

每个人的人生都是由一堆琐碎堆砌起来的，只不过有的人把一生的琐碎堆砌起来就是伟大，而有的人把一生的琐碎拼凑起来还是琐碎。勇敢的人总是敢于梦想，并敢于实践梦想。无论是关于爱情的梦想，还是关于事业与人生的梦想，他们都有一个清晰的方向，并为着这个方向而努力前行。无论有多少风雨，他们都持之以恒地坚持。懦弱的人只会空洞地幻想，在一个自我的、封闭的狭小空间里浮想联翩，有时候还会为自己的幻想情不自禁地笑出声来，仿佛已经实现了自己心中的愿望一般。

要记得，你的生活属于你自己，只要你愿意过高质量的生活，只要你相信自己的梦想一定会实现，你就一定可以做到。

天再高又怎样，只要踮起脚尖，就能更接近阳光。勇敢多一些，生命才会更美好一些，梦想才会更靠近一些，幸福才会更绚丽一些。我们没有必要因为担心鱼刺就放弃吃鱼，纵然知道有鱼刺的风险，但还是要勇敢地尝试。就像你因为害怕风雨而躲在一个黑暗的屋子里，在躲避了风雨的同时，其实也拒绝了阳光。

勇敢一些，我们才会更快乐。

第九章

现实不可怕，只要
自己足够强大

越温柔，越坚强

至柔者，得天下。世界上最至柔至刚的，莫过于水。水把自己置于世界的最底部，所以才拥有了托起整个世界的力量。老子说："上善若水，水善利万物而不争，处众人之所恶，故几于道。"也就是说，最高境界的善行就像水的品性一样，泽被天地万物，却不争名逐利，总是处在人们注意不到的地方，所以也是最接近道的。

有人将其称为"水的哲学"，这也是我一直非常推崇的学问。

天地万物间，水是最柔的，但却是力量最大的。因为无敌于心，所以才无敌于天下。因为与世无争，所以世上无人能与之争。

水是一种至柔至刚的存在。火遇水则灭，木遇水则浮，金遇水则开，土遇水则软，虽然在五行之中，水是最微弱的，但却是最有力量的。水的哲学，也是人生的真谛。当你越是把自己置于柔弱的地步时，你反而会越强大。

当你与客户商谈时，越是能聆听对方的观点，越是能取得商谈的成功。当你与一位成功者在一起时，越是把自己的位置放得低，越是能保持仰望的姿态，你越是能超越他，取得更大的成功。古往今来，每一位成功者都有自己的榜样，他们不会七个不服八个不忿地看待别人，当别人取得成功的时候，他们总会保持着仰望的姿态，然后一心求索，努力去完善自己，提高自己。

空心的麦穗总是把自己的头骄傲地仰向天空，而成熟饱满的麦穗则会把自己的头深深地低下来，深情地凝视它的大地母亲。生活中，无论是有才华的人，还是没有才华的人，如果太过骄纵与自负，都不会受到人们的欢迎。

记得大学时候有一个同学 F，颇有才华，只可惜太过自负。在我的印象中，他从来没有夸赞过谁，除了他自己。那时候学校里有几份学生创办的报纸，小编辑们一开始听说他的诗词不错，所以纷纷向他约稿。没想到，F 非常不屑地说："我才不会为那些不入流的报纸写东西呢。"然后，还把小编辑们向他约稿的几封邮件截屏下来发到网上，声称有人向自己约稿，但是自己不屑于给他们写。

大学毕业后，同学们天南海北，去哪儿的都有。有时候在班级的 QQ 群里聊天，大家偶尔会提到 F 同学。但都是只听说他大四的时候考研了，究竟有没有考上，谁也不知道，也没有人知道他的去向。

F 是个很骄傲的人，他不屑于给"不入流"的小报写文章，当然也不屑于和我们这些"大俗人"交流。有的同学甚至觉得和他说话有阴影，如非必须，绝不主动和他说话。所以毕业后 F 就像凭空蒸发了一样，不知道去了哪里。

前不久，有同学忽然在班级群里爆料：F 同学在一所私立中学教书呢，已经成了一名地地道道的中学语文老师了。

这个消息让我们惊讶无比。那么心高气傲的 F，怎么可能心甘情愿地当一名中学老师？曾经，他就连和我们这些"大俗人"说句话都要从牙缝里勉强挤几个字出来，现在却要滔滔不绝地面对那些中学生讲话。上帝也真会捉弄人，竟让这样一个骄傲的人成了一名中学教师。

那个同学说，他同事家的孩子语文不好，所以就想着找个老师来补补课。在小区的信息栏上，他刚好看到了 F 同学的那则家教广告，就打了电话过去。

我简直不敢想象，曾经那样骄傲的一个人，竟然会在小区的公告栏上贴广告。我更不敢相信，曾经有人问他要电话，都是经过三五次他才会给，而现在竟然会公然把自己的电话贴出来。想一想，竟莫名地有些难过。

现实的世界，总是容不得任何幻想。多少人为了柴米油盐的生活，而丢掉了最初的梦想，甚至曾经最看重的尊严？当然，F 同学能够做出这样的改变，我还是为他高兴的，因为他终于可以像正常人一样好好生活了。

不过，事情似乎并没有我想象的那么好。F 同学收的补课费一小时 300 元，那位同学的同事嫌贵，就和他讨价还价，但是 F 同学坚持说自己是在职教师，费用当然会高。最后，同学的同事终于妥协了。

我们在群里追问，那后来呢，孩子的成绩有没有提高。

那位同学说，提高什么呀，F 给人家讲了一小时写诗填词什么的，我同事都差点和他翻脸了，只给了他 100 元钱，赶紧把他打发走了。

我不禁为 F 感到可惜。有些人之所以失败，不是因为他的能力有多差，而是因为心理上无法与世界融合。他们常常与他人为敌，甚至与整个世界为敌，所以生活中总是被现实的战火焚烧。

战火不是被他人点燃的，而是被自己点燃的。如果你不肯容纳这个世界，世界也不会容纳你。总有人大声呼号："整个世界都背叛了我！"却不知道，事实上是他在背叛整个世界。只要他做一个转身，就会看到晴空万里，花开成海。

只有胸怀博大的人，才能包容万物，才能向着自己心中向往的方向一路前行。做一个从容而洒脱的人，不计较、不抱怨，生活里处处都会铺满阳光。最快乐的人，往往不是因为拥有得多，而是因为计较得少。

做人做事，应该懂得水的哲学。不要以为柔弱等于示弱，恰恰相反，柔弱正是另一种坚强。

越王勾践卧薪尝胆，甚至跪下来给吴王夫差当马镫。他忍辱负重，一直坚守着心中的信念。正是因为那些年的忍耐，他才能打败吴国，雪洗了曾经的耻辱。

无论岁月如何变迁，水总是有着自己的方向，并向着心中的方向奔流向前，高原也好，丘陵也罢，总是能执着地向前蔓延。我们常说"人往高处走，水往低处流"，水的确从来没有改过往低处流的方向，但是人却常常忘了往高处走的目标。水可以穿越重重叠叠的山谷，百转千回，最终汇入汪洋大海。而人却常常被诱惑与磨难绊住了脚步，停滞不前，甚至走了下坡路。

水的坚持，让很多人望尘莫及。小小的水滴，可以日复一日、年复一年地坚持着最初的心愿，最终滴水石穿，将所有的平凡累积在一起，成为一个伟大的故事。

在通往成功的路上，在最初的阶段总是人声鼎沸、熙熙攘攘，但是到了中段儿，人群就渐渐稀少，人群也逐渐安静下来。再到成功的后段，便成了格外安静的地方，越是成功的巅峰，往往越是人迹罕至。因为最后坚持下来的，实在不多。

成功，不仅需要勇气、能力，还需要毅力，需要坚持，如果半途而废，无论梦想多么光芒四射，那也只能成为一个无法实现的美丽泡沫。

水可以和其光，也可以同其尘。它干净透明，也能容纳污垢，然后再通过自己的自净能力恢复最初的纯洁。水能够自爱不贵，广为不争，所以才惠泽天下。水不争名，它只是默默地存在着，无声无息，却没有人可以离得开它。

缺乏存在感的人总是喜欢把自己显露出来，恨不得让全世界都注意到自己。其实，如果你想让谁注意到你，很简单，只要让他离不开你就可以了。

所以聪明的妻子会懂得如何保持自己的美貌，如何用一手好菜来拴住丈夫的心。越是喜欢通过吵架来解决问题的，反而越是会把问题闹大。没有人愿意和一个小肚鸡肠的人共处一室，夫妻也好，朋友也罢，抑或同事，都是如此。

其实，如果你仔细观察，认真思考，就会发现，古往今来的成功人士，都在不知不觉中践行了水的哲学。虽然他们未必都知道老子，未必都听过"上善若水"的道理，但是他们的脚步始终在印证着水的哲学。

只有拥有了水的品质，才能获得最渴望的成功。老子在《道德经》中阐述了七善：

居善地，心善渊，与善仁，言善信，正善治，事善能，动善时。夫唯不争，故无尤。

这是水的哲学的精髓。如果一个人具备了这"七善"，那么就可以无所忧患，成功也近在眼前了。

　　为人处世，没有必要太过张扬跋扈，有才华的人应该如此，没有才华的人更应该如此。

　　至柔者至刚。人生一世，如果参透了水的哲学，一定会成就自己辉煌灿烂的事业。至少，这一生会过得很快乐，不以物喜，不以己悲，在滚滚红尘中潇洒走一遭，何尝不是一种乐趣呢？

向外求胜，不如向内求安

哲学上说："物质决定意识，意识反作用于物质。"然而，更多的时候，我们更容易被物质决定自己的意识，努力反作用于物质的时候总是很少。

物质表面的浮华，迷惑了人们的内心。所以越来越多的人更看重金钱，更看重外在的物质享受。所以相恋多年的恋人，最后却因为没钱买车买房而分道扬镳，所以朋友之间"谈感情伤钱"。

物质利益看似诱人，其实都是短暂的、微薄的。然而偏偏有人愿意为这短暂的微薄利益铤而走险，就算背弃道义也在所不惜。其实，这是何其不值。

最有价值的，最能给我们带来长远利益的，绝不会是那些短浅的利益。只有内心的纯善与灵魂的涵养，才是生命里真正的最大财富。

在一个团队中，常常会出现这样的情况：一个问题已经三令五申地强调过很多次，但依然存在，依然没有改变。同样的问题，总是会出现很多次，团队的领导者也做出了很多努力，但就是不奏效。

其实，这种问题就是出在对外与对内上。他们只看到了外在的短暂的利益，做出的努力也都是表面的、浅显的，所以问题总是不能得到根本的解决。

前两天看到一则新闻：一个农村的外围，出现了很长一段"遮羞墙"，为的是将村子里简陋的房屋统统遮蔽起来。这种解决问题的方式，根本起不到效果，反而会引发更严重的问题。

无论是一个团队，还是个人，都应该把目光放在内部，只有高瞻远瞩，才能前路无忧。

那些封建王朝的衰落，都是从内部开始的。因为内部的结构出现了问题，就像从内里已经腐败的树，无论你再怎么为它浇水、施肥，都是无济于事的。问题总是由内而外出现的，所以在解决问题的时候也要由内而外地解决。

我有一个朋友在高中做班主任，虽然入职没几年，但是在教育学生上却很有一手。高中正是学生身体与心理发育逐渐成熟的时候，谈恋爱的现象总是无可避免。她的班级里就出现了几对，但是她并没有像别的班主任那样强行去"棒打鸳鸯"，而是循循善诱，让他们以学习为重，对他们的感情问题也并没有强加干涉，以过来人的经验告诉他们，如果是真心想在一起的话，那就一起好好学习，争取考到同一所大学。

我笑问她："你这样子会不会误人子弟啊？"

她说："不会，现在的学生比我们想象的成熟得多，你越是压制他们，他们反而越是叛逆。教育他们，最好的办法就是诱导，让他们学会如何自己处理问题。高中生的义务是学习，是考上好大学，只要这个主流目标没有发生动摇，那么如果有一些能够促进他学习又能让他放松的途径，我觉得还是可以尝试的。"

"最好的教育是让他们学会自我教育。让他们自己处理问题，这也是对他们的历练。"我一直很钦佩她，甚至常常想，如果我曾经的班主任也像她这样，班级里那几对名落孙山的"鸳鸯"，会不会有不同的命运呢？

向外求胜，不如向内求安。只有从内部出发，才能真正解决问题。

孩子闯祸的时候，家长一般会马上批评他，比较严重的时候甚至会暴打一顿。但是聪明的家长则会告诉孩子，他为什么闯祸，这次闯祸给他们带来了多大的麻烦，以后该怎样去避免，等等。

这种教育方式同样也是向内求安的一种。无论是对待自己的孩子，还是对待自己的学生，或者对待自己的员工，都要记得向内求安的道理，只有从内部来解决问题，才能彻底将这件事做好。

有人喜欢模仿，以为只要自己表面做的与别人的看起来并无差别，就可以了。其实，这只是自以为是的聪明。模仿只能学来表面的肤浅东西，而内在的学问却无法把握。所以，就算鹦鹉学会了说话，它依然是鹦鹉。无论是做人，还是做企业，光靠模仿是远远不够的。每一份成功，都必须有思想的支持。有独立思想的人，才能做到真正的成功，也只有独立思想的团体，才能做到真正的卓越。

我把职场中的领导者分为两种：一种是命令者，一种是带动者。

命令者的特点是喜欢向别人下达命令，甚至把下达命令当成一种乐趣。他们喜欢看别人工作的样子，自己坐在那里，舒舒服服地端着一杯茶，笑眯眯地欣赏别人工作，有时候还会吹毛求疵地批评指教一番。

带动者则与命令者恰好相反。他们常常以身作则，以自己的努力工作来带动员工工作，从心理上让员工对自己产生折服的情结。员工的勤奋，不是通过压力来实现的，而是以自己的带动，促使员工发自内心地勤奋起来，所以工作效率往往很高。

命令者的领导地位往往保持的时间不长，但是带动者却前程大好，屡屡升职加薪。其实，命令者就错在从外来影响员工，长此以往，导致员工出现了逆反情绪。所以，他们的领导地位很不稳固，就像封建王朝里不能以德服人的皇帝一样，揭竿而起的起义军总是此起彼伏。

只有从内部来解决问题，才是"对症下药"，从外部来影响，只是"治标不治本"的方法。

《礼记·大学》中说："古之欲明明德于天下者，先治其国；欲治其国者，先齐其家；欲齐其家者，先修其身；欲修其身者，先正其心；欲正其心者，先诚其意；欲诚其意者，先致其知，致知在格物。物格而后知至，知至而后意诚，意诚而后心正，心正而后身修，身修而后家齐，家齐而后国治，国治而后天下平。"我们常常把这一段简化，直接说成"修身齐家治国平天下"，从修身，到平天下，这是一个循序渐进的过程。修身是基础，只有做到了修身，才能齐家，才能治国，才能平天下。

与其要求别人，不如要求自己。

每个刚出生的婴孩都如同一张白纸，简单无邪。只是后来的经历，成就了他们不同的人生。有人声名远播，有人功成名就，有人庸庸碌碌，甚至有人身陷囹圄。命运，永远是把握在自己手里的，你现在的拥有，是你曾经的渴望，你未来的命运，是你现在生活状态的延展。

要做到"修身"，就必须从生活中的一点一滴做起。能够到达金字塔顶端的，往往是两种生物：一种是苍鹰——凭着过人的天赋，展开翅膀飞到金字塔的顶端；另一种是蜗牛，一步一个脚印，经过漫长的时间，经过无数次的失败与重新开始，最终也抵达了金字塔的顶端。

苍鹰并不多，我们很多人都是蜗牛。但是，并不是每一只蜗牛都能爬到金字塔的顶端。只有那些坚韧不拔的、不屈不挠的蜗牛，历尽千辛万苦，才最终爬到了成功的顶峰。

机会总是隐藏在生活中的各个角落，能否发现，就在于你是否拥有一双睿智的眼睛。有人觉得小事情不足挂齿，殊不知，正是那些被你忽略的小事情，引导着别人走向了成功。

曾经有一位年轻人，在美国的某石油公司工作。他的工作几乎毫无技术含量，那就是巡视并确认石油罐盖有没有焊接好。每天重复着同样的动作，而且几乎不费任何脑力，这让他感到厌烦不已。他想换个工作，但一时间又找不到合适的。思来想去，他觉得要想在这项工作上有所突破，就必须找些事情做。

年轻人开始认真观察。他发现，每当罐子旋转一次，焊接剂就滴落 39 次。他想到，在这一连串的工作中，是否有可以改善的地方？经过一番冥思苦想，他忽然眼前一亮，如果将焊接剂减少一两滴，是否能节约成本？

经过一番思考与研究，年轻人研制出了"37 滴型"焊接机。但是试用后，效果并不好。不过，他并没有灰心，继续研制了"38 滴型"焊接机。

这一次，他的发明非常完美，虽然只是节约了一滴焊接剂，但是千千万万滴累积在一起，每年能为公司增加 5 亿美元的新利润。

那个年轻人，就是后来掌握全美制油业 95% 实权的石油大王约翰·洛克菲勒。

当你认真观察这个世界时就会发现，希望与机会其实无处不在。即便是最平凡的小事，也可以酝酿伟大的希望。只有从内心做出改变，用心去观察，你才能看到一个绚丽多彩的世界。

飞过沧海的，不是蝴蝶而是雄鹰

在蝴蝶的梦里，世界是一个五光十色的花园。

那里繁花如海，阳光在晶莹的露珠上翩跹，每一个角落都充盈着馥郁的芬芳。那样美丽的梦幻世界，如同蝴蝶翅膀上的色彩，斑斓绚丽，异彩纷呈。

然而，现实世界的狂风骤雨却将蝴蝶的梦幻击得粉碎。在残酷的现实世界里，蝴蝶痛苦地发现，竟没有一方为它量身定做的天地，万种生物，千种环境，都在考验着它美丽而单薄的翅膀。

我们都曾是那只简单的蝴蝶。在现实的雨雪风霜里，有人幡然惊醒，也有人醉在自己的梦境里执迷不悟。

蝴蝶飞不过沧海，没有人忍心责怪。这是一句聊以自慰的句子，仅此而已。很多想象，都是一种内心的谣言，信以为真了，就要接受心理的落差，以及一段漫长的调整。

飞越沧海，靠的并非雄心壮志，而是强有力的翅膀。所以与其做一只靠意念支撑自己的脆弱蝴蝶，不如抓紧时间，去练就一双老鹰的慧眼和一对强壮的翅膀。最重要的是，千万别认为这是一句心灵鸡汤式的口号。扔掉幻想，正视现实，这在任何人的成长道路上，都是首要做到的事。事实上，有太多的蝴蝶，在惊诧于变幻的世事的时候，都奔向另一个极端，变成了只会聒噪抱怨的青蛙。

对很多事物抱有幻想，这是人类的弱点。幻想永远是幻想，终究只是梦中的景色。任何人的人生，都免不了悲喜交织，得失并重。鲜花与坦途固然令人心驰神往，但如何面对苦难与挫折，亦是必须修炼的功课。

生命里的每一场波折其实都是一笔宝贵的财富。如果生活恰巧掷出了失败的骰子，那么就用一个孤独的夜晚，品味人生的多种滋味，练就一身从烦恼丛中擦身而过的本领，欣赏旅途中的另一番风景。

面对现实世界的苦雨凄风，蝴蝶该做的，不是抱怨，也不是哀叹，而应是正视这个世界，同时也正视自我。放下那些虚无缥缈的梦幻，一步一个脚印地向前行，你会收获别样的精彩。

扔掉幻想，但请保留梦想。如果飞越沧海是终极的目标，那么，确定方向，分析条件，做好准备，调整心态，这些才是应该做的。永远别说"我做不到"，只管去做，生活里摸爬滚打几年，答案自然就会出现。

有人在梦想的激励下奋勇向前，将炽热的青春燃烧成熊熊火焰，也有人在幻想的摇篮里不思进取，珍贵的时光还来不及燃烧就成了一片灰烬。

两百多年前，清代诗人屈复曾说过："百金买骏马，千金买美人；万金买高爵，何处买青春？"岁月的波涛翻卷而逝，两百多年后的今天，却依然有很多人躺在青春的温床上呼呼大睡，在幻想的国度里任凭时光老去。

早在小学时代，我们就学过"守株待兔"的故事：

宋国的一个农民每天辛勤地在田里劳作。忽然有一天，一只跑得飞快的野兔撞在了树桩上死掉了。农民捡起这只肥美的大兔子，非常高兴地想到，如果每天都能捡到一只兔子，那岂不比耕田要好多了？于是他放下了农具，不再劳作，每天都守在那个树桩旁边，等待野兔出现撞死在树桩上。然而日复一日，岁月蹉跎，农民再也没有捡到野兔，田里的庄稼也荒芜了。

我们嘲笑那个宋人的愚蠢，却不知，很多人也正犯着和他一样的错误。

幻想是一种慢性毒药。人们之所以痛苦，就是因为想得太多，而做得太少。

牛顿被苹果砸中，进而发现了万有引力。很多人扼腕叹息，为什么那个苹果没有砸在我的头上呢？事实上，我们没有被苹果砸中，却很多次被杏子、桃子砸中，但是有多少人思考过呢？我们或是高高兴兴地吃掉了那个美味的水果，或是抱怨水果砸痛了自己的头，却从不曾思考过它为什么只向下掉落，为何不向上飞去。

如果那个守株待兔的宋人能够认真思考一下兔子为什么会撞在树桩上，然后想一想怎样去狩猎野兔，或许，这个故事就将变成一个励志故事，而不是两千多年的反面教材。如果他能变被动为主动，他将收获的不仅仅是美味的野兔，还将有野鸡、野猪，甚至豹子、老虎。

年少时，总是认为我们浑身充满了力量，那是取之不尽，用之不竭的力量，那是能够改变世界的力量。但现实是残酷的，没有什么人能够一生一帆风顺。编织多年的美梦碎了，原来，外面的世界是如此残酷，虽然大，却没有为我们量身定做的天地。我们意识到自己曾经的幼稚，意识到盲目的乐观并不能为我们带去任何帮助，这令我们深受打击。

蝴蝶的力量太微弱，即使能够在花园中飞舞，即使能够飞过河流和湖泊，即使能够穿过密密的山林，但它们并没有办法阻止身体在狂风中飘摇，在暴雨中跌落。

凤凰涅槃，浴火重生。想要飞过沧海，靠的并非雄心壮志，而是强有力的翅膀。蝴蝶的梦，就像是年少时的美丽憧憬。总有一天，我们要微笑着珍藏它，然后以新的状态，面对未来。现实世界不是童话，那些完美的，理所应当的结局并不会总是出现在真实生活中。

在弱肉强食的世界里，让自己变得强大，才是唯一要做的事。蜷缩在不切实际的梦里，自然要被淘汰。不要抱怨，不要哀叹，快速让自己成长起来，而不是靠着心里那一腔激情，盲目地追求所谓的梦想。激情总有一天会退去，真正坚定的信念往往并不是依附激情而生。对自己还是要相信，但也要明确自己的短板在哪里，努力将它拉长一些，再拉长一些。

刘勰曾在他的传世之作《文心雕龙》中这样说道："鹰隼乏彩而翰飞戾天，骨劲而气猛也；翚翟备色而翱翔百步，肉丰而力沉也。"翻译成现代汉语就是：鹰隼的羽毛不漂亮，但能够一飞冲天，高傲地翱翔，就是因为它们的骨力强劲、气势凶猛，野鸡等色彩光鲜的鸟却只能飞百十步，因为它们肉多身重。

刘勰喜欢用生物学的朴素知识来论证作文章的道理，他这话旨在说明，文章的好坏不在于辞藻的华丽，而在于风骨的有无。这话也完全可以用来阐释我们的人生，飞过沧海的，不是蝴蝶，而是雄鹰，因为雄鹰有风骨，有力量，不注重外表的华丽，而注重内在实力的强大。

西方哲学中有一个分析人的观点，将人类的意识分为三部分：知、情、意。知代表了智商知识，情代表了情感，意则是意志力，这三方面都发展的人，才是一个健康发展的人。

常言道，志不强者智不达，如果拥有了强大的意志力，我们就完成了从蝴蝶向雄鹰的转变。唯有心中有梦的人，唯有不辞劳苦的人，才能磨砺丰满的羽翼，以雄鹰的姿态跨越沧海。

很多时候，真相总是比我们期望见到的残酷。让自己的心变得坚强一些，这样才能在困难和挫折到来时坦然接受它们，消化它们。当现实与我们想象中的世界不同时，我们才不至于手足无措，才不至于悲观颓废，才不至于一蹶不振，才不至于仿佛世界末日到来了一般。

能够飞过沧海的，不是轻盈娇美的蝴蝶，而是矫健有力的雄鹰。

第十章

未来是用来打造的，
而不是空想

不把幼稚和狭隘当成个性

人生的每一步路，都是一种成长。如果你十几岁的时候，有人说你单纯，那是出于一种喜欢与赞扬，如果你二十几岁甚至三十几岁，还有人说你单纯，你不需要知道这个人如此评价是出于什么心态，至少，你需要反思一下自己。

有人说，大人物有能力，没脾气；小人物有脾气，没能力。其实，大人物脾气好，但并不代表他们没有脾气。只不过，他们善于将自己的脾气隐藏起来，但是眉眼之间，依然有一种深藏不露的霸气，这样的人对你一低眉，无须用任何语言，就会让你感觉到有一种不可抗拒的命令感。

你可以有脾气，但是一定要让你的能力撑得起你的脾气。

我不禁想起考驾照时遇到的那个神一般的教练。

他的脾气非常大，对学员发火是常事。但是奇怪的是，几乎没有人敢和他顶嘴。

有一次练车，教练坐在副驾驶的位置指导我。在踩离合器的时候，我一脚踩到了油门上，幸好车的油门线没有接，否则后果不堪设想。那时候练车都是排队的，每个学员上车后能练三次，然后下车继续排队，等待下一次。排队的学员非常多，从这一次下车到下一次上车，中间要隔上两三个小时。那时候正是数九寒冬，练车场地旁还铺着一层厚厚的积雪，学员们就瑟瑟发抖地等在寒风里，生怕会错过练车的机会。

排了两个多小时，终于轮到我练车了，没想到出师不利，竟犯了这种低级错误。起初我还没太在意，结果教练竟一下子暴跳如雷，直接把我从车上赶了下来。

那是我第一次亲自感受到了教练的威力，吓得我魂都要飞了。

然而，就是这样一个暴躁的教练，他的学员却永远是最多的。驾校里的学员在报名的时候一般都会指定教练，而教练的工资也是和自己的学员人数直接相关的。有时候，我们一大帮人排着队，看到旁边练车场地里仅有的几个人练着车总是羡慕不已。但是，那么多人里，没有一个换教练的，即便我被他从车上赶了下来，被狠狠地骂了一顿，我还是死心塌地地跟着他练车。

那位教练带出的学员，几乎每一次考试都是全部通过，与别的教练带出的学员常常是全军覆没形成了极大的反差。他对学员的要求非常高，稍有差池，就会遭到严厉的批评。

有一次，教练和我们说，很多年轻人，尤其是女孩子，拿了驾照后就直接变身为"马路杀手"，这种人太没有责任心，而他们的教练更没有责任心。如果有一天她们因为车技有问题而发生事故，那个教她练车的教练就是"间接的凶手"。所以，他对自己所有的学员都要求极其严格，他会尽自己最大的努力，把手下的所有学员都培养成"马路高手"，而不是"马路杀手"。

他的能力与责任感撑得起他的脾气。这样的人，我心甘情愿地拜服他，敬重他。他的每一句批评，对我来说都是非常重要的，有时候或许就是因为他多说了一句话，而避免了某一场事故的发生。

所以到现在，我也非常感谢那位教练。

无论在哪里，当你的脾气从心里蹿上来的时候，请你想一想，你的能力是否能撑得起这份脾气？

我们经常犯的错误是，高估了自己的能力，却低估了自己的要求。有个朋友托我帮她物色一下男朋友，问她有什么要求时，她说道："我的要求不高，长相顺眼，家里有车有房，月工资能在 5000 以上就行了。"

她觉得这个要求是很普通的了，但是却忽略了，有多少刚刚踏入社会的小伙子马上就能有车有房，工资达到 5000 以上？即便有，绝大部分也是父母给的，而不是他自己赚出来的。

每一种要求，都要考虑到自己的现实处境。当你向生活提出要求的时候，生活也会询问你的资本。那个托我介绍男朋友的女孩子，身边倒也不乏追求者，但是她一个也看不上。其实，社会上的很多"剩男剩女"往往不是因为自己的"质量"太低，而是因为自己的要求太高。

每当你提出一个要求的时候，都要反复掂量自己的能力。就像你在要求老板为你加薪的时候，你要给他一个充足的理由，让他看到为你加薪的价值所在。谈恋爱时也是如此，你对对方提出的每一项要求，都要考虑自己是否有承受的资本。

能够客观地认识自己，是一项很不容易的事情。越是说自己已经长大的人，往往越是幼稚；越是说自己豁达的人，往往越是狭隘。生活中，有太多的人不愿意承认自己的弱点，却还要刻意地去掩饰，结果欲盖弥彰。

大学是一个脱胎换骨的过程。走出校园的摇篮，你就是茫茫社会中的一员。只是，很多人都是在走入社会后，才真正完成脱胎换骨的这个过程。

社会需要的，是精明强干的人才，而不是简单幼稚的大孩子。

我想起一个朋友M，他的很多朋友都以为他比自己小，常常是叫了很长时间"弟弟"后，才震惊地发现，他竟然是个"哥哥"。出现这种情况，首先当然是因为他的长相。他个子不高，又长得瘦瘦的，偏偏皮肤又白白嫩嫩的。乍一看上去，就像个中学生一样。

长相是天生的，自己无法选择。不过，内在的性格、脾气却是后天历练的，也是自己可以选择的部分。有时候，我觉得用"可爱"这个词来形容 M，真是最恰当不过的，然而，如果他只是个十几岁的少年，我会觉得他可爱是非常讨人喜欢的，也会是他的一大优点。只是，此时的 M 已经是个 26 岁的小伙子，他的"可爱"，总让人感到一种与年龄极不搭调的不协调。

M 曾经谈过几次恋爱，但始终没有固定下来的恋情，时间最长的一个，也仅仅是维持了半年。

有一次在候机的时候，我恰巧遇到了那位与他维持了半年恋爱关系的女孩子 X。虽然分手了很长时间，但是她依然没有再谈恋爱。我还以为她是在等 M，但是她的解释却让我颇为震撼。

"我遇到的男人，都太幼稚，不适合我。"这是她的解释。X 还特别提到 M，"我坚持和他分手，就是因为他太幼稚了。"

仔细想一想，M 确实有些幼稚。X 过生日的时候，M 亲手折了 99 颗幸运星，装在一个精致的玻璃瓶里，然后用包装盒精心地装起来。当一大群朋友聚在一起给 X 过生日的时候，M 满怀激动地把礼物送给了 X。

X 早就和朋友们一起猜测 M 会送什么礼物给她。有的说可能是一部新手机，有的说可能是戒指，还有的说可能是一场浪漫的旅行……

接过礼物后，大家都纷纷起哄，让她把礼物拆开看看是什么。X 也满心期待，于是不负众望地拆开了包装盒。然而，她并没有看到期待中的手机或戒指或机票，那一瓶漂亮的幸运星，此刻竟让她有一种无地自容的感觉。她知道 M 一定是花了很多心思才折出这些小星星的，但还是越想越生气。

X 觉得，她简直是在和一个高中生甚至是初中生谈恋爱。

恋人之间的误会往往就是这样产生的。不同的人，对爱的表达方式也各自不同。当你非常看重一样东西的时候，当你觉得它价值连城的时候，但是这件东西在别人的眼中可能只是一个毫无价值的摆设。

M 以为，自己亲手制作的礼物比买来的更有意义。但是 X 却觉得，他简直幼稚到不可理喻。

那件事成了他们分手的直接导火索。

很多人分手，不是因为对方不够爱自己，而是因为自己不喜欢对方爱自己的方式。明明彼此都很在乎，却总是避免不了争吵。

我相信，如果时光能倒退十年，当 X 收到 M 的礼物时，一定会感动得泪流满面。在不同的时间里，我们的价值观也在发生着不同的变化。不仅是不同的人对同一件事物有不同的看法，即便是同一个人，对同一件事物的看法也会随着时空的变换而变换。

幼稚的人大多都是非常认真的，其实，也是最容易受伤的。他们没有那么深的心机，只是一心想着要实现心中的愿望罢了。但是，世界是现实的，不会与他们一起幼稚。所以，幼稚所带来的后果，只能由他们自己承担。

幼稚的人并不是不知道自己幼稚，恰恰相反，他们往往比别人更清楚地了解自己。只是，很多人都把这种幼稚当成一种个性，在现实的涡流里自命清高地做一个天真的孩子。

M 并没有多大的不可饶恕的错误或毛病。只是，他忽略了这个世界的现实性。我相信，当幼稚的人成熟起来的时候，会比别人成长得更快，也更容易取得事业及爱情的成功。我也相信，总有一天，M 会成为一个成熟稳重的男人，会成为一个好丈夫、一个好父亲。

有的人幼稚，是以对别人的好为基础的，也有的人幼稚，是以对自己的好为基础的，他们会为了一时的短暂利益而忘乎所以。而这种状态，已经超出了幼稚的范围，我们姑且称其为"狭隘"。

狭隘的人有一个通病，那就是处处想着自己，忽略别人。如果你给两个小孩子两个苹果，一个大的，一个小的，两个小孩子都会争抢那个大的。但是，如果 20 年后，你再给他们两个苹果，他们不再会争抢那个大的，而是不约而同地把大苹果让给对方。

这就是成长，也是成年人与孩子的不同之处。

生活中，我们常常遇见像孩子一样的成年人。比如买一件衣服，你刚好喜欢这件，店里又偏偏只剩下这一件。这时候，旁边又来了一个人，颇有礼貌地说，我可以看下这件衣服吗？你很大方地递给他，而他却拿着衣服就到收银台付款了。

狭隘的人只看到自己的利益，事实上，他们所看到的，也仅仅是短暂的利益而已。

我有一个做二手房销售的朋友。虽然刚进那家公司一年，但是他的业绩已经是全公司最好的。有一次，我问起他成功的秘诀是什么，他笑着道，没有什么成功的秘诀，只有一瓶水而已。

原来，每一次带客户看房子的时候，他都会给客户买一瓶水或其他饮料。一瓶水虽然不是什么昂贵的东西，但是却足以让客户感到温暖，在心理上便已经接纳了他，进而也接纳了他所销售的房子。

幼稚也好，狭隘也罢，这都是我们人生路上的绊脚石，为人处世，我们要懂得谦让的道理。谦让是一种美德，只有懂得谦让的人才能得到他人的信服与爱戴。

放弃是命运最糟的堕落

在人生的坐标上，命运是起起伏伏的波浪线。无论王侯将相，还是市井平民，都会经历阳光普照，也会经历阴霾低谷。所以，这世上也便没有彻头彻尾的绝望。不过，在任何一个坐标点上，都有人可能选择放弃，这是命运最糟的堕落。

随着年华累积，有时现实令人迷惘，使人困惑。当年的《老男孩》看哭了许多人，那些人里有刚刚步入社会不久的 80 后，也有已经在社会中摸爬滚打多年的 70 后。"梦想总是遥不可及，是不是应该放弃？花开花落又是雨季，春天啊你在哪里？"一首主题曲传遍了大街小巷，走到哪里都能听见，每次听见心里都会一颤。

社会发展的机器不断运转，城市化的速度越来越快。压力，不再是脆弱者的疾病，而是成了一件普遍的心事，压在每个年轻人的心上。有人本能地抗拒，有人默默承受，却也不免默默伤怀。于是，这世界上多了一种衣装成熟，却内心不愿长大的孩子。一首简单的歌曲，就可以触动心弦，让无数人在 KTV 里泪流满面。

时代的变革，谈起来空洞而无味。我们已经承受了结果，所以才会明白，坚持有多么困难，多么纠结。年轻的人们，带着未老先衰的神色，在社会闯荡多年之后，心里仍然有些许不适，些许怅然，还是如歌中所唱："青春如同奔流的江河，一去不回来不及道别，只剩下麻木的我没有了当年的热血。"

痛苦是真切的，可以感知。在挫败面前，很多人选择了放弃，从此庸庸碌碌，对成功的渴望日渐泯灭。他们认为这个社会太残酷，让自己离梦想越来越远，却不曾想过，何为心灵的安宁，何为真正的梦想。

不肯过江东的项羽，给世人留下了千古遗憾。卧薪尝胆的勾践，成为了坚守梦想的经典。如果勾践像项羽那样选择了自我了断，历史上将少了一位励志的榜样，却多了一位悲壮英雄。我常常想，假如项羽没有选择乌江自刎，而是重返江东，一切从头再来，历史是不是就会改写？

最喜欢李白的一句诗："天生我材必有用，千金散尽还复来。"还记得中学时代，我的很多同学都把这句诗作为自己的座右铭，用一张小小的纸条写下来，然后用透明胶带粘在桌子最醒目的地方。然而，我们可以把座右铭粘在桌子上，却很难粘在自己的心里。

当别人放弃的时候，我们常常不遗余力地去劝说他不要放弃，但是当自己面对挫折的时候，却无法说服自己继续坚持。我们知道的道理很多，但是真正懂得并能够做到的，并不多。

有人说，做一个普通人，简单地过好每一天，用努力工作换取平凡的薪资和生活的安定，这也不是一件容易的事。生活中的许多结果都不是自己可以控制的，很可能一心一意地工作，从不掺杂任何一点私心，最后还会因为各种原因被老板炒鱿鱼；很可能一心为了孩子好，苦口婆心地劝他们要好好学习，孩子反而埋怨我们不理解他们，压抑了他们的天性；很可能在一段感情上投入了许多，甚至为了那个人放弃了许多属于自己的爱好和时间，放弃了自由，最后还是会遭到对方的嫌弃和责骂，一句"你根本就不爱我"，便抹杀了所有的努力。

人生不如意事十之八九。生活里，我们总要面临各种不如意的事情，但是时光的车轮不会理睬你的忧郁与悲伤，总是一如既往地向前驶去。有人活在对过去的悼念中，直到本来拥有的幸福也沦落为悼念的对象，才终于追悔莫及。其实过去的就过去了，何必要让已经散去的阴云遮住自己现有的阳光呢？不如走出过去的阴霾，放下曾经的失败，微笑着把握现在，努力缔造一个美好的未来。

成功就像打毛衣，我们一针一线地编织，每一个细节都要认真对待。而放弃则像拆毛衣，只要轻轻一拉，一切都将荡然无存。放弃是一件多么容易的事情，也是一件多么可怕的事情。

当我们选择放弃的时候，世上的一切都不再具有任何吸引力，投入其中的精力自然也就少了，"不甘心"的情绪自然也少了，

"放弃"似乎成了一种理所应当的选择。

事实上，这只是我们的自我麻痹。放弃的心理源于内心价值观的单薄，来自内心的脆弱。

世界这样大，本来就要允许不同价值观，不同思维方式，不同性格的人相处在一起。任何一种社会化的圈子里，都不是真空，就如同每个人的人性深处，都有善与恶，奉献与自私。人际关系并不是一门厚黑学，学不会与不同的人相处，学不会适时融入与果断退出，这是个人心理素质的不成熟。

父母与子女的关系，天生就带有矛盾。有爱与被爱，有带领与被带领，有教育与被教育，自然也有理解的鸿沟、表达方式的偏差，甚至情感的扭曲。人生的诸多无常中，有时亲子之爱也难免带有某种缺失，可是，是否要因此而深陷于矛盾中，却是考验着人与人之间相处的最基本能力。

有人深陷在恋爱的阴霾中不能自拔，其实大可不必。不是每一段感情都会有美好的结局，太多人在感情中受过伤，这本就是爱情的常态。有的人因为一次感情的失败，宁愿一辈子孤独；有的人因为曾被人背叛，再也不肯相信其他人口中的爱；有的人更加离谱，认为所有的感情都不过是一时的激情和心血来潮的游戏，于是他们开始放任自己，做着与伤害他们的人相同的事情。这些人看起来潇洒不羁，其实却是极度幼稚，缺乏面对感情的正常心态。

其实很多时候，人们都喜欢将责任推到别人身上，甚至推到莫须有的"现实""社会""世俗"身上。当很多人在听到别人对自己的指责时，总会大声反驳"你不理解我"，总会狂躁地喊着"我这是生活所迫"，说到底一切都是自己的抉择，我们认为这个世界对我们不公平。事实上，当你总是觉得别人对不住自己，在你开始怀抱着"总是遇人不淑""总是处处碰壁""总是怀才不遇"的心情时，你已经是这个世界淘汰的目标了。

放弃，指的不只是放弃一件事，放弃一个人，还有放弃一种坚持，放弃一种精神，放弃一份信仰。放弃了坚持，放弃了精神，放弃了信仰，人的生活就会变得空虚、无助和堕落。

于此，我想起了这样一个故事：

她患有小儿麻痹症，从小就自卑与抑郁。她拒绝别人的靠近与帮助，除了邻居家的一位只有一条胳膊的老人。老人在战争中负伤，虽然身有残疾，但一直非常乐观。

有一天，她被老人用轮椅推着去幼儿园。操场上，孩子们动听的歌声吸引了他们。一首歌唱完，老人对她说："我们为他们鼓掌吧！"

她惊讶地看着老人，问道："我的胳膊动不了，你只有一条胳膊，怎么鼓掌啊！"

老人微微一笑，然后解开了自己的衣服扣子，在微凉的春风里，用那只手拍起了自己的胸膛。那清脆响亮的声音，忽然让她有了一种醍醐灌顶的感觉。

老人笑着说："只要努力，一只巴掌一样可以拍响。你一样能站起来的！"

从此，她再也不自怨自艾，重新站起来的愿望如同心中的火焰熊熊燃烧。那天晚上，她让父亲写下了一张纸条贴在墙上：一只巴掌也能拍响。

她开始配合医生做各种运动。有时候，她甚至会偷偷地扔开支架，尝试着用双腿来支撑自己的身体。无论多么痛苦，她始终坚持着，坚持着。终于有一天，她可以不凭借任何东西站起来，然后走路，甚至奔跑。

她坚持体育锻炼，跑步、打篮球，用各种能锻炼双腿的活动来恢复萎缩的肌肉。

后来，她参加了 1960 年罗马奥运会女子 100 米决赛，并以 11.18 秒的成绩成为第一名。雷动的掌声，是对她成功的最好证明。

她就是威尔玛·鲁道夫，第一个黑人奥运女子百米冠军。

坚持，是人生中最崇高的信仰，而放弃，则是生命里最糟糕的堕落。

说到梦想，每个人都能罗列出一大堆。但是说到坚持，很多人却打了退堂鼓。我们并不缺乏梦想，缺乏的只是坚持梦想的勇气。

工作让人累，累的是心不是身。做自己不喜欢的工作自然会累，勉强违背自己的心意自然会累，强迫自己在别人面前低头自然会累。把工作当成赚钱的工具，告诉自己和所做的事之间只有利益关系，再无其他，然后麻木地继续，怎么可能不累？精神干涸了，思维枯竭了，生活灰调了。没有前进的动力，没有支撑下去的勇气，这样的生活，谁过着都会觉得累的。

做自己累，不做自己更累。假装自己是其他人，为了环境不停地改变，改变外貌，改变思想，改变言行，改变表情。一定要和自己真实的想法拧着劲，一定要和自己最初的心思别着头。否认自己喜欢的，掩饰自己关注的，口是心非，却强迫自己相信这才是最好的。过了多年之后，回头看走过的路，能看到什么？看到的是一场戏，一出电影，看到的是一个完全不像自己的自己。后悔吗？后悔也没有用了，因为早已失去了青春，失去了最好的年华，失去了所有的机会。

放弃、堕落，带来的怎么可能是轻松和快乐？被吸食掉了灵魂，成了没有感情没有感受的躯体，还能拿什么去体会真正的轻松和快乐？被人嘲笑又如何？被人讽刺又如何？其实，绝望不来自外界，而是来自每个人的内心。放弃了，堕落了，才是真正地绝望了。

自尊是心灵的围墙。很多人嘴上喊着"生活所迫"，说到底一切都是自己的抉择。如果选择了放弃，那也别受不了他人鄙视的眼光。

名誉是表现在外的良心

叔本华曾说："名誉是表现在外的良心；良心是隐藏在内的名誉。"名誉不等于荣誉，它是社会对一个人的思想、品行、道德和对社会做出的贡献等的评价，是众所周知的，是广为认可的。

名誉是他人给予的评价，不是自己的夸耀。正如《墨子·修身》中说："名不徒生，而誉不自长，功成名遂。名誉不可虚假，反之身者也。"

说白了，名誉是一个人的面子，是一个人的尊严。名誉对一个人来说是非常重要的，对一个爱面子的人来说，如果被毁掉了名誉，那简直如同被剥夺了自己的生命。

记得小时候，班级里两个男孩子打了一架，两个人纷纷哭着跑到老师那里告状，其中一个男孩子脸上被抓了一道血痕，在白嫩嫩的小脸上，那道血红色非常显眼。

我的小学老师是一个和蔼可亲的中年女人，平时一直都是面带微笑的，给人的感觉非常亲切，特别平易近人。然而那一次，她却非常恼火，在全班同学面前狠狠地批评了那个抓破别人脸的男孩子，并严肃警告我们，再有人打架，就不要来上学了。

小时候不懂事，老师在前面火大得很，几个调皮的孩子却还在后面强忍着笑。后来渐渐长大，我越来越明白了一个人形象的重要性。

这种外在的形象不仅表现在长相、穿着打扮上，还表现在一个人的风度与举止上。如果一个人在形象上出了问题，比如脸上被猫咪抓破了，比如发型被风吹乱了，比如刮胡子不小心刮破了下巴，比如衣服穿反了，比如忘了系扣子……这些形象上的问题，足可以让一个人感到"没面子"或"丢脸"。

一个人的名誉与自己的所作所为是息息相关的。当你为社会做出的贡献越多时，你的名誉就会越高。而名誉越高，你的身份地位也会随之增高，所以在拍电影的时候，名誉越高的艺人，片酬也会越高。

有人为了扩大自己的知名度想尽方法炒作，所以一些无才无德甚至无耻的人居然也摇身跨入了"名人"的行列。其实，这种腐坏的名誉，与其有，不如没有。

还有人为了名誉不择手段，不惜以伤害他人为代价。众所周知，吴起是战国时期著名的军事家。他的名气非常大，千百年来，他的名字穿越了历史时空，响亮在每一个时代。不过，虽然他战功显赫，但是更多的人却向他投之以鄙视的目光。

　　吴起的妻子是齐国宗室的女儿，他们住在鲁国。当齐国发兵攻打鲁国的时候，有人向鲁穆公推荐吴起率领将士抵抗，但是鲁穆公觉得吴起的妻子是齐国人，担心他会有私心而不敢用他，吴起知道后，为了能取得鲁穆公的信任，居然杀死了自己的妻子。最后，鲁穆公将兵权交给了他，命他前去抵抗齐国。虽然吴起大败齐军，从此名扬天下，但是这种"名誉"却沾满了一个无辜女子淋漓的鲜血。

　　真正的名誉，应该是一种由内而外散发的心灵之美，灵魂之美。人必自重而后人重之，人必自悔而后人悔之。只有自己真真正正做好自己，才能得到他人的敬重。如果为了名誉而不择手段，那么反而会因为名誉而葬送名誉。

　　当你越是渴望一件东西的时候，越是要冷静下来，不要被渴望冲昏了头脑。

　　有人贪图金钱的荣誉，于是拼命地贪污受贿，大肆搜刮钱财，结果到最后身败名裂，金钱也无法挽救他悲惨的结局。心如玫瑰，而名誉则是名声在外的馨香。虽然看不见，但是人们却能真真切切地感受到。

　　《三国演义》中的周瑜，是最典型的看重名誉的人。然而，正是因为他太过看重，太希望能凌驾于诸葛亮之上，最后却落得个被活活气死的下场。当然，这只是小说中的情节，与历史上真正的周瑜是不同的。

人们很容易因为名誉的损害而情绪发生激烈变化，因而导致更严重的后果。在派出所里，很多民事纠纷的原因往往只是因为一句话。比如甲骂了乙一句，乙觉得自己丢了面子，就回骂了甲一句。这样你一句，我一句，最后就变成了恶性的打斗。

对待名誉，我们应该有一个正常的心态。我们没有必要为名誉而费尽心机，只要脚踏实地，把自己该做的事情认认真真做好，向着心中的方向前进，这就足够了。

我们常常说一个人"死要面子活受罪"，其实，这也是反映了很多人的一种心理状态。为了面子，他们死命撑着，打肿脸也要充胖子。其实名誉不是撑出来的，而是由内而外自发而成的。只要你做得好，只要你为社会做出了该有的贡献，属于你的名誉便永远都是你的，没有人可以抢走。

有人以为，如果别人的名誉损毁了，自己的名誉就会相对提升。在一种忌妒的心理下，他们放肆地诽谤他人，妄图通过对他人名誉的贬低，来提高自己的名誉。

我对这类人向来不齿。新闻媒体上经常会曝光某某造谣生事、诽谤他人，这样的新闻会让我感到气愤，同时也总会引发我的思考。有的人越是看重自己的名誉，也越是看重他人的名誉，但是有人越是看重自己的名誉，就越是不看重他人的名誉。前者的名誉总会被世人记得，即使时间过去了百年千年，人们依然不忘他的功绩。而后者得到的则是唾弃，如杨国忠，如秦桧。他们将别人的名誉与利益踩在脚下，以求自己发达。这样的名誉是无法维持太久的，很快就会被激愤的人群推翻在地，并加上一番唾弃与踩踏。

当自己的名誉受到他人攻击的时候，不必慌张，也不必义愤填膺地想着报复。只需心平气和地想一想自己的梦想，想一想十年后，二十年后，自己能够比那个诽谤你的人更加成功，就足够了。嘴巴长在别人那里，我们没有那个能力去控制别人的言论权，何况也没有那个必要。做好自己，过好自己的生活，实现好自己的梦想，便是对诽谤者最大的打击。

意大利"文艺复兴之父"彼德拉克说："不朽之名誉，独存于德。"只有品德兼备的人，才能够永葆名誉。

第十一章

别人轨道上的火车，永远
去不了你想去的地方

不靠别人的脑子思考自己的人生

在这个世界上，每一个人都是最特别的存在，每一个人都有其存在的意义。若是世上的人都长着相同的面孔，一样的身材，如同克隆出来的一批模型，这个世界岂不是少了许多色彩？若是世上的人都拥有同样的性格和爱好，这个世界岂不太枯燥无味了？若是世上的人都拘泥于一种思想、一种意识，那我们岂不是活得没有任何趣味？

然而，非常遗憾的是，在成长的过程中，家人们常常会告诫我们，要学会适应环境，要学着收敛自己的锋芒，要把学习放在第一位。

我们听从了，于是每到一个环境，都努力让自己成为适合这个环境的人。到了池塘，我们便让自己变得像鱼；到了天空，我们便让自己变得像鸟；到了沙漠，我们便让自己变得像仙人掌；到了冰川，我们便让自己变得像一块冰。我们的脑中总会听到各种各样的声音，那声音细微而持久，一次又一次提醒着我们，要适应环境。时间久了，我们在新的环境中忘记了自己的本性，忘记了我们不是鱼，不是鸟，不是仙人掌，不是冰，而是活生生的人。

我们太在意别人对我们的看法，不想成为别人眼中的"另类"，于是努力地按照别人的评价调整我们的形象；我们将一些人的无心之言当成了嘲讽，于是努力地改变，想要赢得对方的认同；我们认为"过来人"的劝告总是有道理的，于是努力地模仿他们的思维模式，别扭却固执地坚持。

有人问国画大家张大千，您晚上睡觉时，胡子是在被窝里面，还是外面呢？张大千没有答上来，当天夜里就失眠了，顿时觉得胡子放在外面也不对，放在被窝里面还不对。这就是他人话语的力量。

如此看来，做自己，有时候是一件很容易感到困惑的事情。也许有人会说，这个世界不需要特立独行的人，不需要太有个性的人。事实上，这当然是错的。

人类学家的观点认为，人不同于世界上其他物种的一个最典型的特点就是，我们除了本能需求，还有精神需求。换句话说，只有建立起一个完整的精神世界，才能在这个世界上宣扬自己的力量，成就自己的事业，而这个精神世界的标签，就是个性。

有许多艺术家在年轻的时候都是人们眼中的"小众"和"另类"，有自己的生活方式，虽然看起来不那么合群，有些标新立异，但这种独有的生活方式正是他们艺术创作的源泉。

他们过得随性，喜欢漂泊，远离常人眼中的幸福和安稳，可是这样的生活能够激发他们的灵感，有助于他们的创作。无论其他人如何指责，他们仍然坚持着自己的方式，没有被传统的礼教束缚住自己的脚步。

比如文艺复兴时期最伟大的艺术家之一，米开朗基罗。

米开朗基罗是个生活上的邋遢鬼，他最大的性格特点就是，把一切与艺术无关的东西都抛在脑后，甚至是生活中的必需品。在教堂画壁画的时候，他会几天不眠不休，甚至不吃饭。有一次，一件作品完成后，他的靴子竟然和脚长到了一起！这种对其他事物的无视，成就了他对艺术的执着，也使他成为欧洲文艺复兴时期的代表人物。

当然，我们不必把邋遢作为个性，也不可以忽视基本的健康问题，也不必费尽心思地做一个偏执狂，我们需要的，就是在这个千篇一律的世界中，架构起属于自己的精神世界。在这方面，儒家对奋斗与个性做出了良好的阐释，也有很多代表性的人物值得我们参考学习。

最为我们熟悉的是明初的宋濂，他在那篇传世之作《送东阳马生序》中详尽地描绘了自己少年求学的状况，冬日严寒，砚台上都结冰了，宋濂的手指不可屈伸，但仍然泰然自若，坚持学习，后来成为明朝开国的功臣。宋濂的学习靠的是一种毅力，一种性情下的毅力，这就是儒家的正统书生气质，有个性，有气场，有精神。

当一个人有着坚定的信仰和目标，清楚地知道自己需要什么，想要做什么的时候，很难被别人的思想左右，更难被现实的处境左右，如此一来，精神世界可以强大，个性又不至于失去。

世上流传着各种版本的心灵鸡汤，它们给人们带去了一定的慰藉，令人们看时恍然大悟，惊奇这样简单的大智慧自己为什么没有意识到。有些人开始依赖鸡汤，用那些名言智语给自己催眠，劝自己放下使自己痛苦的执念，劝自己不要再为了一些小事而纠结。

鸡汤能够温暖人们冰冷的心灵，让他们暂时忘却那些令他们痛苦的事情，然而这种温暖并不是永远的。很多所谓的鸡汤并非真的能够对人起到帮助，而是用一些编造出的故事分散人们的注意力，转移人们的视线，使人们心中产生一些对美好生活的憧憬和幻想，而这也就是"文艺青年"的命门。

看了很多，懂了很多做人的道理，却终究过不好自己的生活。因为在困苦的时候，你喝的是美味的鸡汤，而不是警示你、治愈你的良药。

良药苦口利于病。任何人的精神成长都不可能一帆风顺，当遇到困惑的时候，最需要的是苦辣辣的、涩口的药。

这药下肚，慵懒的思想会被浇灭；这药下肚，昏暗的理智会立马清醒；这药下肚，虚弱的体力迅速恢复，羸弱的肌肉开始生长，坚定意志力从此生发。

轻柔耳语，是情人的呢喃，我们享受了太多的呢喃了，我们需要的是洪钟大吕，震慑心灵。这洪钟大吕，有时候是朋友的规劝，有时候是家人的警告，有时候是师长语重心长的谈话，但都不及自己心中那一声惊醒的呼喊来得痛快彻底，大快人心。

有人会问，我们应该如何对待别人的意见呢？不是说过，我们不应该用别人的脑子来思考问题吗？错了，我们不能用别人的脑子来思考自己，却得会用别人的脑子来思考问题。

世界是同中有异的，一个有了强大精神世界的人，就好比一块磁铁，总是能够吸收周围的意见，对于有益的建议，我们可以听，可以信，可以适当接受，但不能一味服从；对别人善意的提醒和建议，可以听从，可以接受，也要学会分辨。

每个人都是这世上独一无二的存在，没有什么意见和建议可以通用于所有人。没有人可以强迫别人完全服从自己的观点，即使他的观点是正确的，即使他的出发点是善意的，他也没有理由强迫对方按照自己的指示去做。在这个世界上，我们首先面对的永远是自己。

有自己的思维，有自己的主见，有自己的人生方向，才能活出真正属于自己的人生。就像康德所说："人非他人的工具，而是自身的目的。"不要被他人的思维控制了自己的头脑，只有自己才是自己的救世主。

父子赶驴的故事我们都听过太多遍了，很多人也会用这个故事去告诫其他人，不要太在意别人对自己的看法，不要被其他人的建议束缚住自己的脚步，遇到问题最后还是要自己拿主意，不能完全听别人怎么说。

生活中，我们常常会遇到喜欢说教的人，喜欢用自己的意志控制别人，这是一种习惯，倒不一定是出于恶意。可在复杂的社会关系中，这些语言可能会误导很多人走向事实的反面。

人与人是不同的，虽然说这个世界上还是好人多，但是我们也必须承认坏人的存在。我相信每一个所谓的"坏人"，都有他内心的善良之处，只是大千世界里林林总总的原因，让他们在不知不觉中沦落到罪恶的深渊。

不能独立思考的人，就像到处攀缘的爬山虎，虽然花开绚烂，但是风雨来时，它所倚靠的树枝被风折断后，它也将跌落万劫不复的境地。我们要在思维的世界站成树的模样，懂得用自己的思想来掌控自己的命运之舵。

陀思妥耶夫斯基曾经说过："一个人如果同时信仰几种宗教，就等于他什么宗教都没有信；一个人如果同时爱上几个人，就等于他对哪个人的感情都没有上升到爱；一个人如果同时产生几种思维，就等于他根本没有自己的思维。"世界上的东西都有自己的"势"，接近，就会受其影响，影响过深，就容易失去自己。

好比一块磁铁，如果我们自己是一根钉子，就会被吸过去，永远下不来，如果我们是一块更大的磁铁，反而会把它吸过来，为自己所用。

不靠别人的脑子思考自己的人生，不受世事的牵制，不去追求那些本不属于自己的东西。做自己，做想做的事，用自己的语言说想说的话，用自己的声音唱想唱的歌，用自己的思维想事情，有自己的想法，有自己的爱好，有自己的爱人，有自己的性格。这个世界并不需要千篇一律的黑白，而是需要五彩斑斓的色彩；这个世界并不需要墨守成规，而是需要标新立异；这个世界并不需要盲目的服从，而是需要独立的见解。不做任何人思维的傀儡，不让任何人掌握自己的头脑。我的头脑我做主。

当然，所有的道理最怕遇到的情形，都是矫枉过正。做自己，并不是不考虑其他人的感受，完全任性妄为。任性妄为的人，较之于没有自我的人，更为可恶。

"没有规矩，不成方圆"，人如果不守规矩，就如同高速公路上的盲人司机，会造成什么后果可想而知。

这世界有时美丽易碎，但请不必慌张

韶华易逝，青春总是在我们的手指尖上跳跃着，蹁跹着，一点一滴，就悄悄褪了颜色。

朋友家刚刚读大学的妹妹在朋友圈上放肆而骄傲地写道："终于从高三的老女人变成了大一的小学妹！"对她来说，对很多她这个年纪的年轻人来说，生活才刚刚开始。他们骄傲而自信，浑身上下充满了活力。

多少人，也曾经是那样充满了活力的？那魅力四射的青春，如今却被搁置在记忆中的一隅，已然成了如风过往。

有多少人在残酷的现实面前，渐渐失去了昔日的自信与骄傲？又有多少人，能够在漫长的岁月里不忘初心，坚守最初的梦想呢？

这是个美丽的世界，然而越是美丽的东西，往往也越脆弱，如同一盏精致的琉璃杯，一旦不小心落地，瞬间便会支离破碎，无法弥补。

208

人生本来就是一个痛并快乐着的过程。人生苦短，我们没有必要把那么多心思放在那些糟糕的事情上。只要从容笃定，在心中筑起一座幸福的城，便没有人能够抢走属于你的幸福。

我们要有一种信仰，并在这种信仰下认真生活，把握好自己的人生。你可以信仰一个人，可以信仰一句话，也可以信仰一个梦想。信仰的力量会让你感到温暖，它是你严寒中的火焰，是你酷暑中的阴凉。岁月的雨雪风霜，永远不能阻挡信仰的力量。因为信仰，你会更好地生活，更好地成长，更好地坚强。

在这个物欲横流的世界里，人们多了一份浮躁，少了一份从容。一些自以为是的"愤青"，大肆地辱骂着这个社会、侮辱着他人的人格，在他们眼中，好像什么都是错的——有人捐款，他们说是为了出名而炒作；老人跌倒在马路上没有人扶，他们说是活该；有人获了奖，他们大呼老天不公……

一个自己不肯努力的人，有什么资格去侮辱他人的梦想？

从什么时候起，越来越多的人加入到了这种"愤青"的行列？生活中，他们行色匆匆，面目冷漠。而在网上，他们又异常活跃。

我有个同事，家里有个 19 岁的妹妹，正在读大学。前不久，他的奶奶病危，得到消息后赶紧给妹妹打电话，让她请个假回家看看。同事的电话声音很大，虽然没有开免提，但在他旁边还是能听得很清晰。

办公室的气氛有些沉重，大家都劝那个同事不要太难过。本来，我们还担心同事的妹妹会接受不了这样的事实而号啕大哭，还提前想了一些安慰的话。但是万万没有想到，小姑娘只在电话那头"哦"了一声，说了句"知道了"就挂掉了电话。

这个反应真是让我们非常意外。另外两个同事也听见了同事妹妹的话，有些气愤地说了句，这孩子，怎么这样啊。

但是事情还没有结束。晚上下班的时候，我无意中看到同事在浏览 QQ 空间，在页面上看到了他妹妹发的一条"状态"："奶奶病危，我要哭死了"，然后后面是好几个"大哭"的表情。"状态"下面，是一大串朋友们安慰的话。

我忽然想起春晚上看到的那个小品中的情节：老太太摔倒了，路人过来拍了照片去发微博，在网上大呼"怎么也没有人来扶一把"，然后扬长而去。

这个社会怎么了？

我不相信是人们泯灭了良知，否则不会在网上还要刻意装出一副忧国忧民的样子。究其原因，是人们信仰的缺乏，以至于价值观与道德观发生了可怕的扭曲。虽然表面上看，这个人一切都很正常，身体各项指标也没有问题，但是内心世界里，却出现了病变。他们想得很多，做得却太少。有些事情，他们以为说句话就已经做到了，就像关于梦想，以为想一想，过把瘾就行了。事实上，他们想做的事情并没有做，想实现的梦想也并没有实现。

这是一种人性的悲哀，也是一种社会的悲哀。

人们常常抱怨这个世界不完美，抱怨社会太冷漠，却不知道，自己也是不完美的，甚至有时候，自己也是冷漠的。世界是由许许多多的不完美的、冷漠的人组成的，所以这个世界不可能完美，也不可能处处都是温情。

与其诅咒黑暗，不如自己发光。社会上的确会有一些不公平的现象，比如你不能选择自己的出身，不能选择自己的容貌，这些与生俱来的东西，在每个人身上都是不平等的。一个农民家庭出身的孩子，与一个官宦家庭出身的孩子，所拥有的物质资源与所处的生活环境一定是截然不同的。没有人可以选择自己出生在一个什么样的家庭里，也没有人能够选择自己的容貌会长成什么样子，甚至有的人，连自己的身体健康状况都没得选择。

不过，那又有什么关系呢？每一种生活，都有其不同的价值所在。因为性质不同，所以也没有可比性。所以，不能说农民家庭背景就一定会比官宦家庭背景差。有些历练，有些经验，在不同的家庭背景下，总是有着不同的存在。

所以古往今来，每一个成功者都有着不同的背景。唐太宗能够名垂青史，虽说离不开他皇帝世家的血缘关系，但更重要的是他的励精图治。农民出身的朱元璋，同样可以成就一代霸业，成为大明朝的开国帝王。

这个世界始终都是在进步的，所有成功的人，每一天也都在进步。新旧更迭，优胜劣汰，这是不可避免的事实。我相信在十年后，那些默默地为梦想而奋斗的人，一定会有所成就，而那些没有信仰、没有想象又不知前进的人，一定还保持着庸庸碌碌却又对一切都看不惯的状态。

只有心怀温暖的人，才能看到一个温暖的世界。

苏东坡曾和好朋友佛印开玩笑说，我看你怎么像一坨屎呢。而佛印则淡淡地说，我看你像一座佛陀。

苏东坡还以为自己捡了便宜，回家后得意扬扬地和苏小妹说起这件事。聪颖的苏小妹说，佛印心中有佛所以满眼皆佛，你心中有屎当然满眼皆屎。

当你与全世界为敌的时候，就会受到强烈的反作用力，如同一块撞击生铁的石头，在把生铁撞击得叮当作响的同时，自己也冒着粉身碎骨的危险。

聪明人不会做一块石头，而是做水。上善若水，善利万物而不争，无论喜怒悲欢，都从容笃定，宠辱不惊。假如寒冬来临，就会把自己变得坚硬无比，但是当春暖花开时，就融入万里江山，奔向大海。

生命中的痛苦，基本都是因为自己的才华与雄心的不相配。有人好高骛远，却不能脚踏实地地做事；有人才华横溢，却缺乏持之以恒的耐心。当你的才华配不上自己的雄心时，痛苦就会泛滥成灾。

　　有的人曾经是个笑话，但最后却成了一个神话，也有人曾经是个神话，最终却变成了个笑话。时间，会将一切浮华拭去，还原事物本来的面目。一生中，我们要不断地完善自己的才华与雄心，使两者彼此相辅相成。只要你的心中有希望，你看到的就是一个充满希望的世界。如果你的心中被灰色的绝望占据，那么世界也会被你看成一副残破凋零的样子。

　　只要心中有太阳，便处处都是春暖花开。

以平静的心，对待你认为的不公

生命是一叶扁舟，在现实的河流中穿梭前行，纵然眼下风平浪静，我们依然要时刻警惕惊涛骇浪的来临。人世间的一切千变万化，喜怒悲欢，犹如不同的色调构成了我们绚丽的人生。有时候，挫折就像生活中的调味剂，虽然很少，却是生命旅程中不可或缺的。因此，当生命之舟被波浪打翻，面对灰蒙蒙的前程时，有的人就开始无力承担，甚至跌落黑暗的深渊。

面对生活给予的责难，有些人呼天抢地，怨天尤人。他们痛苦地抱怨着，结果越抱怨越痛苦，越痛苦越抱怨，将命运的喉咙勒得越来越紧，直至精疲力尽，才带着残留在脸上的眼泪蹒跚到一处，舔舐伤口。其实，这种人并非无可救药，至少他们还懂得为自己的过错自责、悔恨，至少他们还能客观地认清眼前的形势。只要经过安慰、启发、引导，他们还是可以重新扬帆起航。

真正无可救药的，是那些在错误的路上依然固执己见的人。即使受了伤，也看不到自己的错误，明明是自己在和全世界为敌，却偏偏说全世界都和自己作对。有些坚持之所以痛苦，是因为从一开始就是错的。

真正的人生赢家懂得如何理智地面对挫折，纵然心中已经波澜万丈，脸上依然是波澜不惊的神情。他们可以用理性的秤砣压稳自己的内心，使沸腾的血液不至于冲昏头脑，然后思量过去，放眼未来。

这种人会在人生的低谷把自己放到一个无形的高台上，远山美景如画，江山如此多娇，前途上的种种美好会给他带来激励和信心，然后收拾行囊，找一个破浪的方法，将人生的苇舟装上一橹，继续前行。这橹如果坏了，他会重新架上，甚至竖起一帆，乘风破浪，注定走得更远。

在世上生存，是每个人的权利，但是一个不容否认的事实是，所有的权利都不是用来享乐的。就像上面提到的最后一类人，把长河中的行程作为一项任务的同时，也把它当成了一项权利，把坚持当成一种"当仁不让"的职责，努力生存，这样的人生才有风骨，才能取得成功。

面对挫折，我们要做的，不是抱怨，不是咒骂，更不是坐以待毙，而是用一份霸气的心态去挑战惊涛骇浪，用一份豁达的胸怀去化解横亘眼前的厄运。

任凭外面的世界风狂雨大，我们要保持一份内心的宁静。静，不单是捧着一杯香茗，坐在悠然见南山的黄昏中，听着轻松愉快的音乐，去品味祖国的大好河山。静，更是一种躁动中的平稳，危险中的淡定，宠辱中的豁达，喧闹中的不动声色。唯有不动声色，才不会受制于生活的声色。

佛偈有云："一切有为法，如梦幻泡影，如露亦如电，应作如是观。"梦幻泡影，是寂静的东西，露珠和闪电，是稍纵即逝的东西，如果没有一颗宁静的心，不去留意生活的细节，那心灵的窗口会被自己堵死，这些东西也不会看见。这句话与修身的关系，就在于最后的一句"应作如是观"。

一切有为法，万物有法则，应该如何对待？

——静心对待。

只有静心，才能通晓万物的法则。通俗说来，除掉生活的浮躁，水落石出，真相大白，我们才不会被无所谓的东西蒙蔽。

人生而纯洁无瑕，一无所知，随着时间的步伐而加入世界的潮流，有很多人把"静"理解为人的原始纯洁状态，这恰好说明其不谙世事。

在医学上，医生会将生有重病的人隔离，置于无菌的医疗室中，以此来保证病人的病情不再恶化。虽然病情控制住了，但病人的免疫力也会变得非常低，一旦回到正常的环境里，一点点小小的病菌也会轻而易举地将其攻陷。生活中，我们唯有经过千锤百炼，才能铸就自己坚强的内心。真正的"静"不是固守在桃花源的一隅，一个人过着老死不相往来的生活，而是历经了大千世界的种种纷繁，在生命沉淀之后，凝结出来的灵魂精粹。

这一点我国古代伟大的哲学家老子早就论证过了，他把这个过程称为"复"，也就是回归。

春秋战国时期，诸侯并起，战火在华夏大地上蔓延。烽火连天的岁月里，不知多少将士远离家乡，从此再没有回去。而家中的妻儿老小，却还在殷切地期盼他们的归来。无情的战火，毁灭了无数个鲜活的生命，也毁灭了无数美满幸福的家庭。这份痛楚，深深地烙在了老子心上。所以，他提出了这种静的回归，希望人们能从纷纷扰扰的争斗中觉醒过来，回归到生命最初的静。

而到了今天，市场经济的大潮将我们置于喧嚣的世界中，使得我们不知道"静"，或者不明白如何回归到"静"。

老子关于"静"的哲学观点是很多的，与之匹配的，是老子"朴"的哲学，他曾经说过"万物化而欲作，吾镇之曰朴"，朴素真诚，不矫揉造作，不弄虚作假，是达到"静"的一条捷径。有人说，哲学是天上的日月星辰，指引着我们，此言不谬。越是混乱的时代，越要有"信仰"。

"静"是一条河流，"朴"是河流边上的树木花草。河流的恒久不息，需要树木花草来保持土壤，而树木花草的生长繁茂，也离不开河流的滋润。

对现实呼天抢地的人，不懂霸气与胸怀。霸气，是立足于世界的能力。面对内心，将"静"作为一种随时可以栖息的，内心的永久港湾，人才不会呼天抢地，因为这样的人永远知道，呼天抢地乃懦夫行径，不能解决任何问题。

人的资质不同，遇见的事物不同，心性因而各异，可这并不能抹杀，从某种程度上说更需要注意"静"的作用。

一个善于利用"静"的人，是不会在躁动的世界中迷失自我的，我国当代著名的哲学家周国平曾经写过一篇著名的文章《不要忘记回家的路》，文章用陌生城市的街道作为象征，比喻现实生活中我们不可预测的事情。

他说，在陌生的街道上走，必须时刻记住自己的住所，这样不至于迷失，生活随时会给我们设定新的障碍。在这种情况下，呼天抢地，就等于自绝后路。"去做"是一种高深的学问，是一种积极的处世观念，是一种能激发人的创造力的行为，但"去做"必定要越过障碍，哪怕跌得再惨，也需明白，我心仍在。

把"静"作为人生深度的标志，是立世的必须，但只有深度是不够的，成功的人生，必须要有适当的广度。人生的广度，从简单的层次来看，是通晓多种技能，达到随心所欲的熟练程度，从深度的层次来看，则是将生活中的方方面面"打通"。因此，只有深度的人生，虽然可敬，但未必可爱。

孔子一生游走列国，致力于实现自己的政治抱负，所谓"知其不可而为之"也。如果这个抱负实现了，他的功勋可能会更大，在这个抱负之下，他还拓展自己身为一个"学"者的素质。他擅长射箭，懂音乐，通晓诗，还懂得修炼自己的人格，这都是不同的技能。

所以，当他的政治抱负没有实现之后，他仍然可以从容地实现自己的文化抱负。而从今天看来，这反而成全了他。事实上，这种学者风范也在某种程度上佐助了他的政治抱负。也唯其如此，这些政治抱负之外的东西，才更加醇厚、精湛。

其实，人生的广度与深度的结合，不是倒立的锥形，是立起来的圆柱形，上下通达，一以贯之。千磨万击还坚劲，任尔东西南北风，只要坚守内心不变的信念，我们总能找到自己的价值。

第十二章

越努力越幸运，时间
可以幻化为天分

不必羡慕别人的幸福，你没有的，
可能正在来的路上

人们常常羡慕别人的生活，羡慕别人比自己有钱，羡慕别人家的房子比自己的豪华，羡慕别人家有背景，羡慕别人有一个漂亮的老婆，羡慕别人有一个有钱的老公，羡慕别人家的孩子学习成绩好……

所以大家经常开玩笑说：世界上最好的老婆，是别人的老婆；最好的老公，是别人的老公；最好的孩子，是别人家的孩子……

其实，我们没有必要羡慕别人。也许你没有的，正在来的路上，更也许，你以为自己没有的，其实早就属于你了，只是你把目光放在对别人的羡慕上，根本没有发现。

我曾看过这样一个故事：

一名叫萨伊特的埃及政府高官，34岁就已经做了副市长。然而，就在他前程一片光明的时候，他主管的城市却发生了一场突如其来的大火灾，萨伊特也因此被免职，回到了农村老家，过起了平凡百姓的日子，在自己的菜园里种菜、施肥，虽然清苦，倒也清静。

人们纷纷对萨伊特惋惜不已。然而，萨伊特自己却毫不在意，他没有羡慕那些飞黄腾达的朋友，也没有抱怨从天而降的灾祸，对昔日的富贵，也不去怀想。

闲暇时，萨伊特就走街串巷地到处搜罗各种陶器，很快，他竟然收集到了几十件世界级的珍稀藏品，每件都价值连城，前来买卖的人络绎不绝。

虽然断了仕途，但是萨伊特并没有因此而灰心，只是自得其乐地开辟了另一条出路。当别人问他如何取得如此大的成功时，萨伊特从容答道，因为我过得十分简单，从不盲从地去羡慕别人，清静的生活让我可以一心一意地鉴别陶器。

这是一个真实的故事，正是因为萨伊特在遇到挫折的时候没有一味地去羡慕别人，所以才取得了令人羡慕的成就。如果在他丢掉官职的时候怨天尤人，羡慕曾经的同事们的官场生活，羡慕那些仕途一帆风顺的朋友，那么也就没有后来的辉煌成就了。

适当的羡慕对一个人来说是一种鼓舞与激励，但是过度的羡慕却会成为一块无形的绊脚石。生活中让我们感到惶惑与不安的，有时候不是自己，而是别人。当你太过羡慕一个人的时候，就会在潜移默化中将那个人的生活模式照搬照抄下来，虽然自己也在很刻苦地努力，但并不感到真正的快乐，反而会很疲惫。

人生如人饮水，冷暖自知。我们没有必要去羡慕别人的生活，当你在羡慕别人的时候，对方也许还在拼命地羡慕你。任何事物都有着双面性，当你羡慕的时候，只是看到了好的一面，却没有看到坏的一面。

小学时候，我们总是羡慕中学生可以住校。中学时候，我们又羡慕大学生可以自由自在地学习，甚至恋爱。终于到了大学，我们又羡慕走入社会的人可以做自己喜欢的工作，可以赚钱买自己喜欢的东西。直到有一天，自己也踏入了社会开始了工作，我们又拼命羡慕那些小学生可以无忧无虑地玩耍。

生活如同一座苍翠青山，当你置身于这座山中时，总是抱怨自己脚下为什么有那么多乱石，然后羡慕远处的那座山峰苍翠缥缈，风景如画。直到你真的到达了那座山，才发现，你曾经无比羡慕的那座山，杂乱的石头比你以前所在的那座山还要多，还要艰难。

我也曾羡慕过别人。大学时候，我们宿舍4个人，几个人不分彼此，关系非常亲密。每天，我们一起上课，一起吃饭，闲暇时一起逛街，手挽手围在地摊旁边，和摊主讨价还价。然而毕业后，我们几个人各奔东西，仅仅是几年的时间，就拉开了巨大的差距。毕业一年后，晨晓结了婚，嫁了个腰缠万贯的老公，直接辞掉了工作，做起了全职太太。她的那场盛大的婚礼，让所有到场的同学都羡慕不已。

225

从那以后，我们的联系渐渐少了。偶尔在上班的路上，前面的车堵得水泄不通的时候；偶尔在公司里，因为加班而忙得焦头烂额的时候；偶尔在商场里，相中一款太过昂贵的包包的时候，我也会想起晨晓，想起她可以什么都不用做，过着衣来伸手饭来张口的日子，每天像个皇后一样高枕无忧，最多的工作就是花钱，我也会有一些羡慕，甚至忌妒。

晨晓经常在网上发一些动态，比如她的老公给她新买的跑车、玉镯、衣服，甚至家里厨师做的点心，等等。那些动态让多少朋友看得直眼红，对于很多普通人来说，那些奢侈品是根本不敢想的。

在我的想象中，晨晓应该是一位非常幸福的高贵少妇，每天打扮得漂漂亮亮的，上网、看电视、购物，这些应该就是她的主要日常生活了。然而有一次，晨晓和我在网上聊起天来，我才发现一切并没有我想象的那么美好。

晨晓说，她每天闲得要命，想出去工作，但是老公不同意。她有时候很害怕他，和他在一起，总觉得像是两个世界的人。她羡慕我可以自在地工作，可以想去哪里就去哪里。她甚至觉得自己只是一个别人豢养的宠物，没有自由，也没有快乐。

很多时候我们就是这样彼此羡慕着，却忽略了自己也是别人羡慕的对象。每一种生活，就像一株玫瑰花，有最漂亮的花朵，也有不起眼的绿叶，还有无可避免的利刺。还有一部分根须深埋在土壤里，那一部分，只有玫瑰花自己知道，别人是看不见的。然而，我们常常只看到了别人的玫瑰花，却没有看到其他的部分。而自己呢，却总是只感受到泥土中的根须，感受到锋利的芒刺和平凡的绿叶，却忽略了自己也有一朵娇艳欲滴的鲜花。

当你越是羡慕别人的时候，越容易忽略自己，我们没有必要用别人的某一个方面来折磨自己，只要过好自己的生活，足矣。

在印度流传着一个关于一位农夫阿利·哈费特的故事：

有一天，一位老者去拜访农夫阿利·哈费特。他告诉阿利·哈费特，如果你能得到一颗拇指大的钻石，就能买下这附近的全部土地，如果能得到钻石矿，甚至可以让儿子坐上王位。

这个消息让阿利·哈费特振奋极了。钻石的高昂价值，深深地诱惑了他。从那以后，他觉得身边的一切都看不顺眼，对什么都不再满足。

阿利·哈费特终于坐不住了，他跑去追随那位老者，向他请教在哪里可以找到钻石。老者劝他打消找钻石的念头，但是阿利·哈费特非常执着，他满脑子都是那价值连城的钻石，任何劝告都听不进去。最后，无可奈何的老者只好告诉他，你去很高很高的山里，寻找一条淌着白沙的河，钻石就埋在河里。

阿利·哈费特兴奋极了，他卖掉了自己所有的地产，让家人寄宿在街坊家中，然后只身出门去寻找钻石。

走了好久、好远，阿利·哈费特始终没有找到那传说中的宝藏。他非常失望，乃至绝望，最后，在西班牙的大海边，他跳进了波涛汹涌的大海，结束了自己的生命。

不过，故事到这里还没有结束。那位买下了阿利·哈费特房子的人，有一天把骆驼牵进了后院，让骆驼在后院的小河旁喝水。不经意间，他发现河沙中有一块闪闪发光的石头。他很好奇，便将那块石头带回家，放在了炉架上。

也许此刻你已经猜到了，那块闪光的石头其实就是一颗钻石。没错，当之前的那位老者再一次出现时，这件事得到了印证。老者看到那颗钻石的时候，情不自禁地跑过去惊叹，这是钻石！阿利·哈费特回来了吗？

房子的新主人告诉他，阿利·哈费特还没有回来，钻石是在后院的小河里发现的。

老者难以置信，他和房子的新主人一起来到了小河边，然后挖掘起来，很快，又有一颗更加闪耀的钻石出现了，然后是第三颗、第四颗、第五颗……其中，还包括后来献给了维多利亚女王的著名钻石——那颗净重高达一百克拉的大钻石。

生活中，很多人都犯了和阿利·哈费特一样的错误，明明钻石就在自己家里，但是却偏偏要离开家，不辞千里万里去寻找钻石。我们没有必要去羡慕别人，你所渴望的东西，有时候就在你的身边，只是你没有发现而已。

太过遥远的东西，往往只是生活中的海市蜃楼，而你脚下的土地，往往是一片宝藏。我们要学会发掘自己，不能光顾着临渊羡鱼。

我们常常为一块微瑕的美玉而抱怨，羡慕别人的白璧无瑕，却忽略了自己手中的美玉，即便有那么一点点瑕疵，但是它依然是一块美玉。为什么要被那一点点的瑕疵而遮蔽了双眸呢？因为一叶障目，却不见泰山，这是多么不划算啊！

小孩子总是羡慕成年人可以赚钱，殊不知成年人正在羡慕孩子的天真无忧；年轻人总是羡慕老年人阅历丰富、悠闲自得，殊不知老年人正在羡慕年轻人朝气蓬勃的青春；男人总是羡慕女人不用娶媳妇，不用攒钱买房子，殊不知女人正羡慕男人可以孔武有力，可以不拘小节；未婚人总是羡慕已婚人可以毫无顾忌地与自己心爱的人在一起，有一个温暖甜蜜的小窝，殊不知已婚人正在羡慕未婚人自由自在，不必有太多顾忌……

我们总是羡慕别人太多，关注自己太少。其实，自己不是不够美好，只是缺少发现美好的思维。很多你渴望的东西，在你蓦然回首时，就会惊喜地发现，它早就出现在了你的世界。

时光磨去狂妄，磨出温润

时间的白马踏过红尘滚滚，如梦烟尘随风飘散。岁月奔流而过，在我心中留下了一片片深深浅浅的水印，曾经锋芒毕露的棱角，也渐渐圆润。

人生就像涤荡在溪水中的石头，时间愈久，就愈温润淡然。

淡泊是一种情怀，更是一种境界。岁月磨砺了我的人生，我也可以用一颗淡泊的心温柔岁月。我相信温柔的女子是最坚强的，任凭沧海桑田，只要拥有一颗淡泊的心，我们依然可以波澜不惊。

北宋的著名词人苏轼与佛印是好朋友，两个人常常切磋文墨，不分彼此。苏轼非常推崇"淡定"的修为，也常常会写一些相关的诗词。有一次，苏轼忽然灵机一动，悟出了一句"八风吹不动"。他对这一句非常满意，于是赶紧写下来，派遣书童把字送到了江对岸的佛印那里。

佛印看过之后，竟随手在下面写了个"屁"字。

不管怎么说，这也是苏轼好不容易悟出来的，就像我们辛辛苦苦做了一件东西，结果却被别人说只是个"屁"，一定会忍不住格外恼火。

义愤填膺的苏轼再也无法淡定了，干脆亲自渡江，来找佛印评理。佛印看到暴跳如雷的苏轼，只是淡然一笑，然后又在那个"屁"字旁边添了几个字，变成了"一屁过江来"。

佛印的淡然，与苏轼的愤怒形成了鲜明的对比。

有时候，最不淡定的，往往是那些嘴巴上天天挂着"淡定"的人。当一个人越是强调自己拥有什么的时候，往往那是他最缺乏的。

真正淡定的人不会总是把"淡定"挂在嘴上，就如同真正富有的人不会总是向别人夸耀自己的财富。生活中难免会有一些波折，也难免会遇到一些不愉快的事情。没关系，只要你拥有一颗淡泊的心，从容地面对一切生活的责难，你总会顺利度过的。有些矛盾，如果你刻意地在乎它，它就会一直在那里，而且会像滚雪球一样越滚越大，直到最后，你的心里已经无法承受这种剧烈的矛盾，整个人便会因之崩溃。你之所以感到困惑、痛苦，有时候不是因为你面对的问题太多，而是因为你想的问题太多。

　　我常常听见别人议论："那谁谁谁怎么那么讨厌啊？""那谁谁谁怎么长得那么丑啊？""那谁谁谁怎么那么抠门啊？"……别人的生活终归是别人的，如果他没有来招惹你，你为什么非要介入其中呢？何苦自寻烦恼，顺其自然，淡然生活，岂不是很好？

　　当你的内心真正平静的时候，就不会为那些柴米油盐的琐事而烦恼。真正的生活，本来就应该是酸甜苦辣俱全的，如果只有享受而没有劳碌，那么生活也就没有什么意义了。人生之所以快乐，就是因为你可以不断地追求自己喜欢的东西。那些东西不会是轻而易举就能得到的，所以有一天，当你终于梦想成真时，你会格外快乐。

　　做一个内心淡泊的人，如同向日葵一样，微笑着迎接每一天的阳光。雨雪也好，风霜也罢，我们总要勇敢面对。不要因为一点点小事就暴跳如雷，也不要在冲动的情绪下做任何决定。保持一颗淡泊的心，会让你的人生更成功、更精彩。

　　美国第32任总统罗斯福家里曾经遭遇盗贼，很多财物失窃。朋友们写信安慰他，告诉他不要伤心，不要着急。罗斯福却无比淡定地回复了这样一封信：

　　亲爱的朋友，我很好，心情平静，而且心怀感激。这是因为：第一，贼只是偷走了东西，没有伤害我的生命；第二，偷走的不是全部家产，还留下许多东西；第三，这是最重要的，偷东西的是别人，而不是我。

越是成功的人，越是能淡然面对各种突发情况。生活中，很多人总是只看到黑暗的一点，却忽略了自己拥有的光明才是最多的。就如同在一张白色的宣纸上点上一点墨渍，人们的关注点往往都在那一点墨渍上，却忽略了还有一张白纸。

有多少人，能够像罗斯福一样在面对问题时波澜不惊？

心中常怀感激之情，一生快乐无穷。罗斯福感恩于生活，正是他内心淡泊的表现。钱财乃身外之物，然而遗憾的是，很多人都把它看得太重，为了金钱，不惜伤害朋友，甚至亲人。有人高呼"金钱是万能的""有钱就有一切"，其实，世界上有很多东西，是金钱买不来的。

赵本山的小品《不差钱》让多少人开怀大笑，但是笑声之后，有多少人思考过小品中经典的台词？"人生中最痛苦的事情，就是人死了，钱没花了。"我想，这种痛苦比"人活着，钱没了"还要痛苦。毕竟只要有人在，钱就一定可以赚出来。但是，如果生命都没有了，也就无谈花钱了。当你撒手人寰的时候，你知道你辛辛苦苦攒下来的钱都被谁花掉了？

对待波折也好，对待金钱也罢，我们总要保持一颗平常心，淡然就好。我们没有必要拼命地逃避磨难，也没有必要刻意地给自己制造困难，没有必要拼命攒钱，也没有必要拼命花钱。保持一颗淡然的心，就是给自己最好的慰藉。

"静坐常思己过，闲谈莫论人非"。闲暇时，不必老是羡慕这个讨厌那个，有这份精力，不如多想一想自己。想一想自己为什么不如别人成功，想一想自己如何避免犯和别人一样的错误。我们要学会温暖地生活，温暖地爱这个世界，也温暖地爱自己。当你微笑着面对生活中的一切责难时，生活也会还给你一个微笑，从此浪静风平，相安无事。

不要武断地给一个人或一件事下定义，即便你心中已经有结论，也不要急着说出来。保持内心的沉稳，经过反反复复地观察后，再听别人娓娓道来。无论何时何地，要学着做一个聪明的人，不要冒冒失失地说出自己的想法，有时候笑到最后的，未必是最优秀的，而是最沉得住气的。

只有经历过地狱般的折磨，才能拥有征服天堂的力量。当你面对生活的责难时，不要自怨自艾、怨天尤人，要记得，只有流过血的手指，才能弹奏出人世间最美的绝唱。磨难面前，请保持你的风度，从容一些，快乐一些，痛苦也就会随之消失不见。

我们已经不是小孩子，不能再因为摔一跤就不管不顾地号啕大哭了。要懂得坚强的道理，也要明白淡泊的心志。对生活，对梦想，我们要记得自己最初的诺言，无论风雨，勇敢前行。我们可以走得很慢，但是绝不能后退。

　　人总是在反省中不断进步的。要记得经常检查一下自己的心是否依然澄净，是否依然透明，是否依然跳动着最初的梦想。

　　一个人的淡定心志与笑容总是成正比的。你计较得越少，烦恼也就越少，快乐就会越多。保持内心的淡泊，会让你更容易看到希望，更容易走向成功。

做欲望的主人，而不是欲望的奴隶

你之所以不快乐，是因为心中的欲望始终不曾满足。欲望如同一个无底洞，会让人深陷其中，不能自拔。

世事无绝对，并不是说我们不能有欲望，也不是说没有了欲望就一定会过得很好。只是我们的欲望要与自己的生活相符合，如果你每个月有 3000 元的工资，就不要有每个月花上 5000 元的欲望。当欲望与自己的实际生活不相符合时，你就会感到痛苦、难过，甚至绝望。

这个世界上最快乐的未必是最有钱的人，但一定是最清心寡欲的人。因为没有不切实际的欲望，他们过得简单而快乐，生活充实。他们身上，也总是会散发出一种正能量，让身边的人也感受到快乐与幸福。

贪婪往往是无穷欲望的根源。最近一段时间里，新闻里经常报道某某地方的某某贪官"落马"。如果他们不曾被贪婪蒙蔽了心灵，又如何能辛辛苦苦一辈子最后落得个锒铛入狱的下场？

人生中的贪欲如同喝海水，会让你越喝越渴，越渴越喝。结果，当你贪污了一小笔钱的时候，就会想贪污一大笔。贪欲总是无穷无尽的，如同滚雪球一样，会越滚越大。到最后，当你无法再控制这个贪欲的雪球时，你自己也会成为雪球的猎物。它会碾压过你的身体、你的人生，雪球越大，你遭受的苦难也会越剧烈。

世界上最珍贵的，不是已经失去的，也不是永远无法得到的，而是此时此刻你所拥有的。我们应该做欲望的主人，比如对梦想的欲望，可以让我们更加勇敢地前行，任何艰难险阻，都不会难倒我们。

然而遗憾的是，很多人却做了欲望的奴隶。他们任凭欲望无穷地扩大、生长，到最后连自己也无法再掌控欲望，只能跟随着欲望的脚步身不由己地前行。

知足者常乐。当你的杯子里只有半杯水的时候，你是沮丧地说："天啊，我只剩下半杯水了！"还是乐观地说："怕什么，我还有半杯水呢！"

满足感常常是幸福感的直接来源。当你对生活越是感到满足的时候，你就会越感到幸福。小时候，我们会因为得到了一块糖而满足，一下子幸福得不得了。长大后，我们就算得到了一百块糖，还是不能感到满足。因为我们的欲望变多了，变大了。简简单单的得到，已经无法填满欲望的沟壑。

当你暗恋一个人的时候，他的一个眼神、一句简单的话，就能让你感到非常满足，非常幸福。然而，当你们真的成了恋人，或者已经结婚的时候，你不再会满足于一个眼神、一句话，甚至他送你礼物，你也会挑三拣四。

从什么时候起，我们的欲望悄然膨胀，榨干了那些本该简单的快乐？

快乐的人之所以快乐，不是因为他得到得多，而是因为计较得少。欲望与快乐总是成反比的，其实人生苦短，何必总是患得患失地计较那么多呢？我想，快乐要比欲望重要得多吧，只有保持良好的心态，才能更有力量迎接生活的种种挑战。

欲望是人类共有的一种本能，而控制欲望则是一种人性的境界。

人这一辈子，除了生死，都是小事。这个世界并没有我们小时候想象的那样完美无瑕，也没有我们长大后认为的那样黑暗恶劣。这是个客观而公平的世界，如果你付出得多，得到得就多，如果你计较得少，烦恼也会少。如果你的欲望与自己的生活相符合，生命里就会快乐无穷，幸福常伴左右。

佛学上讲究清心修为。慧远禅师之所以能成为佛家一代宗师，正是因为清心寡欲，一心专注于佛学。

慧远禅师年轻的时候喜欢四处云游。有一次，他遇到了一位喜欢吸烟的路人，两个人结伴一起走了很长一段路。路人送给了慧远禅师一根烟管和一些烟草，慧远禅师欣然接受。但是与路人分开后，慧远禅师觉得，这个东西的确让人很舒服，但是一定会打扰我禅定，日久天长，就会养成坏毛病。想到此，慧远禅师将烟管和烟草都悄悄地放在了路旁，然后洒脱离开。

几年后，慧远禅师迷上了研究《易经》。那时候刚好是冬天，他便写了一封信给师父，请求师父给他邮寄一些御寒的衣服。但是好长时间过去了，他都没有收到回音。慧远禅师便用《易经》来为自己算了一卦，卦象上显示，他的信根本就没有邮寄到师父手中。

慧远禅师觉得，《易经》占卜这么准确，如果我沉迷其中的话，一定会扰乱我清净的修为。于是，他放弃了对《易经》的研究，专心于佛学。

还有一段时间，慧远禅师迷上了书法和诗歌，每天都认真钻研，并小有成就，甚至得到了几位著名诗人和书法家的赞赏。但是慧远禅师想到，如果我再继续研究下去，也许会成为一名书法家或诗人，但不是一位禅师。

于是慧远禅师再一次选择了放弃。他一心一意清修，最终成为了著名的禅宗大师。这正是因为他舍得下欲望，拒绝了诱惑。

要记得，我们是欲望的主人，而不是欲望的奴隶。想要把握好自己的人生，就要好好地掌控自己的欲望。认真生活，不要计较得太多，当你从容一些，这个世界也会温柔起来。

在公司里，我也曾遇到过"猎头"的事情。不得不说，那些高薪的职位的确充满了诱惑，但是我总能微笑着理智婉拒。我想，只要工作着，努力着，快乐着，就是一种幸福。当你与身边的人形成了一片密切的关系网的时候，当你在一个地方待得久了的时候，你就会发现，你是那样深刻地爱着他们，而他们也是那样热情地爱着你。我满足于自己的生活，也感恩于这个世界。只要生活里洒满明媚的阳光，心里便是自在晴天。

心中少一些欲望，阳光才会照射进来。性格里多一些涵养，好运气才会光顾你的人生。

第十三章

做喜欢的事，成为
最好的自己

把自己开成花，你就走进了春天

时间会将一切都沉淀下来，很多你以为这辈子都过不去的事情，最后在时光的面前，都成了如烟过往。

曾经我们在山重水复的岁月里辗转奔波，以为永远都不会找到出路。但是坚持走着、走着，渐渐地就柳暗花明了。

生活中不会有什么东西会成为我们一辈子的牵绊，随着时光的流逝，一切都会慢慢平淡下来，再痛的伤口，也有结痂的一天，也有平复的一天。纵然留下疤痕，触摸那道疤痕时，也不会再感到曾经那样的疼痛。

我还记得高中时，有一个女孩子因为男朋友和她分手，从七楼上跳了下去。那时候，我的教室在三楼，刚好我的座位又是靠窗的。窗外忽然一道影子穿梭而下，看到的同学都忍不住发出一声惊呼，有几个女生甚至尖叫起来。

鲜血，染红了一片地面。虽然救护车来得很快，但是已经无法挽回女孩花朵一般的生命。听和她同宿舍的同学说，那个女孩子的父母一边痛哭一边收拾她的遗物，这种境况怎么能不让人感到惋惜呢。那道影子成了我心中挥之不去的痛。那个女孩子很优秀，对人也很和善。我和她并不熟，不过见面的时候总会彼此微笑点头。我实在不敢想象，那样鲜活的一条生命，在我的眼前一瞬间就离开了这个世界。

在后来的日子里，我常常会想起那个女孩子。如果她没有轻生，应该会考上一所不错的大学，现在也应该有自己喜欢的工作和幸福的家庭了吧。

有人说，无情不似多情苦，越是用情刻骨的人，受到的伤害往往也越深。其实，我们可以深情，但是请你记住，永远不要用自己的生命来威胁一个不爱你的人，因为这场豪赌注定是输的。

时间会让一切伤口愈合。当你对一段感情实在束手无策时，那就试着尘封吧，只要你勇敢地向前走着，不在原地逗留，就一定会离痛苦越来越远。有一天，当你忽然想起时，便会发现，那个曾让你痛不欲生的人，已经从你的世界里彻底消失了。残留的那部分记忆，总是美好的。

人世间的一切，都在不停地变化着。唯一不变的，只有变。月缺月圆，人生离合，这些总是无可避免的。当你拥有的时候，就好好珍惜，这样就算以后失去，也可以无怨无悔了。你所懊恼的今天，是昨天死去的人无比期盼的明天。你所厌倦的现在，是你将来永远也回不去的过去。

珍惜拥有，活在当下。坦然一些吧，洒脱一些吧，把自己放松，何必总是紧锁你的眉头，何必让忧愁覆盖了你本该朝气蓬勃的青春面容。这个世界上没有谁可以掌控谁，命运握在自己的双手中，只有自己才是自己真正的救世主。

生活就像拍电影，每个人都想做一个主角。但是一部电影里，如果所有人都是主角，那么整部电影也将是失败的。无论你是主角还是配角，哪怕仅仅是一个跑龙套的，也要认认真真地生活。因为无论你在这部电影中是什么角色，在你的生命里，你永远是唯一的主角。

过好自己的生活，坚持着，勇敢着，说不定哪一天，你就可以从配角变成了主角。没有人生来就是做主角的，每一个成功者，都是经过自己的努力才实现的。

我想起好莱坞著名演员塞缪尔·杰克逊。今天的他被人们誉为"有史以来最卖座电影演员"，他的电影如《侏罗纪公园》《低俗小说》《星球大战前传1》《钢铁侠2》《复仇者联盟》等等，在人们心中留下了深刻的印象。然而，在塞缪尔四十多年的演艺生涯中，他所饰演的角色大多都是配角。

每一个演员都希望自己能出演一个主角，然后一炮走红。但是这种概率并不高，很多人都怀揣着这个梦想，只是成功的仅有那么几个。

1972年，塞缪尔怀着明星梦来到了纽约。但是之前他学的是建筑专业，与演员几乎不搭边。最重要的是，他的形象并没有什么特别的地方，黝黑的肌肤虽然看起来很健康，但是却不够英俊。更要命的是，他还口吃。于是理所当然地，虽然他去了很多家电影公司，但结果都被拒绝了。

这个时候的塞缪尔几乎要心灰意冷了，但是父亲的一个电话却改变了他的一生。父亲告诉他，一株玫瑰没有几朵红花，但绿叶却有无数，你为什么不放弃红花，而选择绿叶呢？花有花的美丽，叶有叶的灿烂，谁又能说绿叶不如红花呢？

这一番话如同醍醐灌顶，让塞缪尔看到了希望的曙光。之前，他一直希望自己能做一个主角，以为只有做主角才能成功，却忽略了，配角同样有配角的精彩。从那以后，他开始尝试着去做一个配角，并总是把配角当成主角来演。即便只有很少的戏份，他还是会付出最大的努力。

就这样一路坚持着，塞缪尔终于迎来了属于自己的春天。他得到了大家的认可，甚至人们都觉得，如果没有他这个配角，整部戏就没有什么意思了。因为配角的存在，更加彰显了电影的精彩。

1981 年，塞缪尔出演了《丛林热》，饰演一个流浪汉，并一举拿下了戛纳影展最佳男配角奖。之后，他出演的《低俗小说》为他赢得了奥斯卡金像奖与金球奖最佳男配角提名……

各种荣誉纷至沓来。人们几乎忘了，塞缪尔在影片中只是一个配角。但是在自己的演艺生涯上，塞缪尔从来都是人生的主角。因为一份坚持与努力，他得到了世人的认可。并最终在 2000 年的《黑豹》里从一个配角走向了主角。

平凡中的坚持，总是有着滴水穿石的力量。因为那一份不朽的执着，命运的轨迹总是铺满璀璨的希望。

人生路上，不要为你的路旁没有鲜花而苦恼，当你走进生命里的春天，便会看到似锦繁花。

把自己开成花，你就走进了春天。只要你够勇敢，坚持走下去，就一定会穿越寒冬，走进春暖花开的世界。无须计较，无须抱怨，时间会带走一切伤痛，过去的，就让它成为永远的历史，历史不会重来，何必为过去而忧心忡忡？

不要在该奋斗的年纪选择了安逸

在这个喧嚣的世界里，人们常常被功名利禄蒙蔽了双眼，又常常因为艰难险阻举步不前。其实，如果你愿意静下心来，轻轻地闭上眼睛，用心去看，你会看到一个安静而美好的世界。

现实的风浪再大，请保持内心的宁静。要做一个勇敢的人，拿得起，也放得下，无论幸福还是苦难，我们都能坦然接受。人心如同一面湖，当你越是内心凌乱的时候，湖水就越是被搅动得天翻地覆，本来沉淀在湖底的泥沙，就会随着水流滚滚而出，将原本清澈的湖水搅得面目全非。但是，如果你愿意保持内心的宁静，那面心湖就会波光粼粼，清澈透明。

生活中难免会有一些痛苦，但是痛苦总是生活施加给你的，接不接受却是另一回事。就像别人送给你一个臭鸡蛋，你可以伸出双手接过来，也可以选择拒绝。

保持内心的清静，"不以物喜，不以己悲"。任凭人世间花开花落，任凭红尘里云卷云舒，我们从容面对，微笑着向前。

当你不去奢望一件事的时候，就算没有得到，也不会失望，就不必为求而不得伤心难过。有的人常常因为想要得到一件东西而没有得到感到懊恼，其实，他们之所以懊恼，是因为在没有得到之前，就认定了那件东西是自己的。

所以，当他们没有得到的时候，就觉得是自己失去了那件东西。事实上，他们从来不曾拥有过，又何谈失去呢？

当你想得越多时，内心就会越拥挤。阳光雨露，也无法眷顾。想得越少时，内心便会越开阔、越豁达。蝴蝶彩虹，便会贯穿你的心胸，在甜蜜的花香里奏出命运的天籁。

烦躁、痛苦、沮丧、压抑、悲伤、难过，那些恶劣的情绪就像淬毒的匕首，让人猝不及防。其实，只要你保持内心的清静与强大，就不必担心恶劣情绪的影响。就像你精心垒砌了一栋石屋，无论多么大的风雨，都不会将其动摇。

我们总是会比自己想象的要坚强。在问题面前，不要以为自己无法面对，也不要以为自己解决不了。只要你坚持着走下去，总会看到一片艳阳天。有那么一些让我们感到纠结痛苦的事情，真的不算什么大事，只要你想一想，三年之后，这件事对你是否还有影响？答案就不言自明了。

要记得给自己的心灵放个假，笑一笑，没什么大不了。身体需要休息，心灵也同样需要休息。找个时间，关上手机，抛开所有烦恼，来一场说走就走的旅行，放飞心情，也算是对自己的一个奖励。不要让自己的心太累，只有内心是轻松的，你的身体才会感到轻松。

不要在自己的生命里画地为牢，要记得，你的生命很宽广，就像我们每天都看到的天气预报，这里是阴雨绵绵，那里则是晴空万里。不要因为被雨淋湿了一次翅膀，从此就否定了整片蓝天，拒绝飞翔。生活中美好的事物很多，何必只把目光放在你得不到的那一个上，换一种思维，换一个角度，你会得到意想不到的收获，也会活出一场不一样的快乐人生。

我的爷爷曾经参加过抗美援朝战争，他的身上到处都是疤痕。小时候不懂事，只觉得那肌肤上一片片的突兀很好玩，渐渐长大后我才明白，那些疤痕代表着多少痛苦的经历。只是爷爷总是坦然地笑着，那些疤痕的存在，对他来说更像是一种漂亮的装饰物。

生活中的林林总总，在我们的心上留下了永远无法忘记的痕迹。总会有那么一些痛，深深地烙印在了骨子里，然后在骨子里开出花来，将那最痛的经历幻化成绝美的追忆。

受过伤的人对生活会更有感激之情，受过伤的心对人生会更有坚强意志。如果有些伤害在所难免，那就勇敢面对。笑声大一点，才能震慑痛苦，让生命洒满灿烂的阳光。

有一段被很多人疯狂转载的话：

当你不去旅行，不去冒险，不去拼一份奖学金，不去经历没试过的生活，整天挂着 QQ，刷着微博，逛着淘宝，玩着网游，做着我 80 岁都能做的事，你要青春干吗？

　　我相信这段话说出了很多人的心声，也相信很多人在看到这句话的一瞬间，恨不得马上去旅行、去冒险，去过自己从没有尝试过的生活。但这也仅仅是一瞬间的念头而已。等到热血渐渐降温，生活就又回到了常态。

　　凤凰涅槃，浴火重生。只有经历过痛苦的历练，才能向着心中的方向一路前行，直抵成功的彼岸。玄奘取经，历尽了千辛万苦，才终于到达天竺。生活中，我们第一个要战胜的，是自己的懦弱、懒惰、好逸恶劳的享受心态，其次要战胜的才是生活中的挑战。一个人，如果从不曾战胜自己，那就不必谈战胜别人，更不要谈战胜磨难了。

世界的每个角落都有人在奋斗

时间如同呼啸的火车，载着茫然岁月，在阡陌红尘中穿梭而过。而青春是一张单程的车票，我们只有一路向前，过去的岁月，只能被记忆覆盖。

小时候，当我们被一个小伙伴伤害的时候，总会号啕大哭，然后赌气发誓"我再也不和你玩了！""这辈子都不和你说话了！"……只是那些"誓言"只有几个小时的效果，很快就会被抛到九霄云外。

长大后，当我们被一个人伤害的时候，嘴巴上虽然什么也不说，甚至脸上还故作镇定，勉强装出一副笑容，但在以后的岁月里，就再也不会与这个人有任何交集。

成长是一条漫长而艰辛的路。青春是一个重要的转折点，让我们从天真无邪的少年时代跨入成年人的旅程。

青春是一道明媚的忧伤。风雨阳光，都在青葱岁月中大张旗鼓地蔓延开来。不过没关系，只有受过青春的伤，生命的翅膀才会更加坚毅，这一生的岁月，才会更加璀璨生辉。

小时候，祖母家的院子里有一棵海棠果树。每当海棠果成熟的时候，祖母便把那一颗颗红灿灿的果子摘下来洗干净，分给我们这些"小馋猫"们吃。

忘记了是从什么时候起，我发现果皮上有伤痕的海棠果格外香甜。虽然不知道是什么原因，但是每一次都屡试不爽，所以我常常专门挑果皮上有伤痕的海棠果来吃。

受过伤的果子最香甜，就像受过伤的青春才最绚烂。

我常常会想起曾经的高三岁月。那一年，是我的青春岁月中过得最充实的一年。每天早上 5:30 准时起床，一天一共 11 节课，到了晚自习结束时已经是晚上 8 点，然后回宿舍写作业、做练习，12 点准时睡觉。学校宿舍每天都是晚上 11 点熄灯，为了防止我们蹭电，宿舍里没有给我们设计任何电源插口。所以，要想在熄灯以后学习，要么去走廊或卫生间，要么自备小手电。

我选择了后者。手电不亮的时候，卸下来的电池还可以充当闹钟的电池。所以每一次卸下的电池我都会习惯性地放在床底下，给闹钟准备着。事实上，闹钟用不了多少电，那些备用电池绝大多数卸下来后就一直静静地被搁置在床底下。

在高考结束的那一天，我和室友们收拾宿舍。当我收拾到床下的东西时，才震惊地发现床底下有多么壮观，那些电池能有近百节，黑压压地堆在床下的地板上。以至于现在我都会怀疑，我严重的"路痴症"会不会和那些电池辐射有关。

高三让我们攒下了很多壮观的东西，除了我的电池，还有同宿舍老三的笔芯。那一大捆透明的笔芯，足有好几百根。

除了这些，最多的就是书本了。我们把那些一本本买来的复习资料一股脑地装进大麻袋，卖到了废品回收站，每个人竟然都发了一笔小财。

我常常想，如果没有高三那一年剥掉一层皮般的历练，我们会怎样？那种巨大的学习压力，让我们苦不堪言，却也让我们得以破茧成蝶。

每个学生都像一条鱼，在江河中欢腾跳跃，游向大海。而高考是一道龙门，鱼儿们争先恐后地跳跃而上，只为跃过龙门，从此化身为龙。不过，也有很多鱼儿并没有选择这一条路，而是另辟出路，不停地修炼自己，虽然没有跃过龙门，却也修炼成了一条金光闪耀的龙。只是这条路要更加辛苦，更加艰险。

G 同学是我的后桌。他是个幽默健谈的男生，他人很好，就是成绩不好。眼睫毛长长的，那时候我们用自动铅笔，他好几次把自动铅笔的铅芯放在长长的睫毛上逗我们开心。

他是班里的开心果，同学们都被学习搞得焦头烂额，唯有他整天神清气爽的，说起话来不出三句，就能把人逗得开怀大笑，而他总要装出一副无辜的样子，故意说："笑，有什么好笑的。"

每个人的青葱岁月里，大概都会有那么一个异性知己。那时年少，并不懂得何为爱情，只是觉得好朋友在一起，总是特别开心。在两个人之间，也许会有其中一个爱上了另一个，但是另一个却毫无察觉，依然与对方保持着这种好朋友的关系。

有人把这种关系称作"蓝颜"与"红颜"。当然，读高中的时候我根本没有想过这么多，只觉得大家都是好朋友，在一起说说话、聊聊天，开开心心的就足够了。但是有一段时间，G同学却表现得有些反常。直到有一天，他捧着玫瑰花在全班同学的一片嘘声中向我走来，我才明白是怎么回事。

我的高中是个非常严格的学校，在我还没来得及对G同学做出什么反应，班主任已经得知了此事，紧接着竟然连校长都知道了。

第二天，G同学就不来上课了，整个人就像凭空蒸发了一样，没有人知道他去了哪儿。有人说是被劝退了，有人说是自动辍学了，还有人说是他家里给他安排工作，直接赚钱去了。大家众说纷纭，莫衷一是。

我一直相信，G同学一定会再出现的。只是我没有想到，他会出现得那么晚。

再见他是在一家餐馆，那是大三的时候，我和几个朋友出去吃饭。我听见隔壁桌有人在那里高谈阔论，大谈自己的生意经。

那是从高三的那一场风波后，我第一次见到他。三年的时光一晃而过，他的样子看起来成熟了很多。

老同学难得见面，我们干脆另挑了一张空桌坐下来聊天。原来，那年他被班主任当着全班的面骂了一通后，放学后又被单独留到办公室骂了一通，然后又通知了家长。显然，事情比我想象的严重得多。想到此，我内疚不已，但并没有表现出来，只是继续听下去。

他说起了那天的故事，只是半点没有提到我，仿佛和我没有任何关系。说到被班主任骂的时候，他还嬉笑着说："那唾沫星子喷了我一脸。一开始，我看到他牙缝上有个韭菜，你猜怎么着，后来那韭菜顺着他的唾沫星子飞到我眼皮上了，哎呀妈呀！"

G同学就是有这样的能力，就算是在说自己的伤心事，也能说成一个让人捧腹不止的笑话。

"反正那时候成绩也不好，考大学肯定没戏，不如直接工作赚钱了。"G同学说。第二天，他在食堂吃了最后一顿早餐，然后就跑到火车站买了一张到长春的票，开始了打工仔的生活。

这几年，他做过餐馆服务员，当过门卫，做过促销，发过传单……总之，只要是他有机会遇上的工作基本做个遍。最近，他又和朋友合伙开了个小烧烤店，结果生意不好，没开几天，就赔本出兑了。

听着这些，我不禁有些心酸。我问他："那你下一步打算做什么？"

"下一步，重整旗鼓，继续开烧烤店。"

其实我最怕的就是他会把当年的问题拿出来，甚至再来个当众求爱什么的。事实证明，是我想多了，我们谈了很多很多，G同学非常坦然地和我谈到爱情，谈到他已经谈过的几个女朋友。

看到他轻松的神态，那困扰我三年之久的问题终于得到了释然。

从那以后，我很少见到 G 同学，不过常常会通过电话联系。他后来果然又开起了烧烤店，因为有了第一次失败的教训，这一次做得特别好，小生意越来越红火。

去年，G 同学结了婚，夫妻俩一起经营着烧烤店，还买了房和车，生活倒也不错。

每个人的青春里，都会点缀着些许的伤痕吧。那些伤痕刻入青春史册的时候一定是痛的，只不过多年过去，那些痛已经不复存在，伤痕里却开出一朵朵娇艳欲滴的花，标榜着青春的美好。

走过青涩的成长岁月，才慢慢读懂了人生。成长这条路，每一步都是摸爬滚打，我们唯有勇敢地信步前行，循着心灵的方向，踏过如烟岁月，才能参悟人生的真谛。

时光的列车呼啸而过，一转眼，多少年。我曾见过老态龙钟的少年，也曾见过意气风发的老翁，他们在各自的轨迹里演绎着不同的生存或生活，抑或梦想。当我们还拥有青春的时候，请收起自以为是的悲伤，向着风雨的方向，向着阳光的方向，拼命地向上生长，生长。

你说世界那么大，总想去看看，却不见你打点行装，不见你背起行囊；你说公务员那么吃香，总想去考考，却不见你报班上课，不见你学习复习；你说你想买车买房，却依然大吃大喝从不攒钱，对汽车楼盘行情也毫不关心；你说你最大的梦想是做自己的老板，开一家服装店，却又舍不得一个月 3000 块工资的工作，一边抱怨着又一边安于现状……

若要前行，请离开现在停留的地方。与其诅咒黑暗，不如自己发光，愿你能冲破现实的迷障，给梦想一个温暖的承诺。

后 记

　　佛经上记载，时有风吹幡动，一僧说是风动，一僧说是幡动。两个人辩论半天，还是没有结果，六祖慧能说，不是风动，不是幡动，是仁者心动。

　　假如你的内心充满仇恨，你所看到的就是一个刀光剑影的世界。而如果你的内心充满幸福，你所看到的就是一个春暖花开的世界。

　　我们每一个人都是不完美的，每一个人都会存在着各种各样的不足。而这个世界，恰恰是由这些不完美的人所组成的，所以世界不会是绝对完美的。

　　无论脚下的路有多么艰难，只要你坚持着，就总会走向希望。当你走到了最绝望、最痛苦的深渊，也是走在了希望的起点之上。不要轻易地用别人的生活来衡量自己的命运，在这个世界上，我们每一个人，都是独一无二的，要相信自己会活出一场最精彩的人生。我们只做第一个自己，不做第二个别人。

生活中偶尔会有风雨，偶尔也会有不期而遇的幸福。不要总是把目光锁在那些不幸的事情上，如果你仔细想一想就会发现，那些不幸的事情在我们的生活中所占的比例是多么微乎其微。何必要让那一点点的不快乐无限放大，何必要让痛苦在心中无限膨胀？有时候，你所在意的，不是问题本身，而是因为问题而衍生出来的痛苦情绪。

做一个温暖的人，温暖地微笑，如同三月暖阳。向着希望的方向，勇敢前行吧，无论风雨，无论阳光，我们都从容面对。有时候，一分耕耘未必会有一分收获，但是十分耕耘里，一定会有一分收获。很多人失败，不是败给了自己所遇到的困难，而是败给了耐性与毅力。只要你坚持着走下去，有时候也许只需要一步，你就会看到一个不一样的精彩世界。

图书在版编目（CIP）数据

我们总要一个人沉默着努力 / 梦马著 .—北京：
中国华侨出版社，2016.9

ISBN 978-7-5113-6293-3

Ⅰ . ①我… Ⅱ . ①梦… Ⅲ . ①成功心理 – 通俗读物
Ⅳ . ① B848.4–49

中国版本图书馆 CIP 数据核字（2016）第 215964 号

我们总要一个人沉默着努力

著　　者 / 梦　马

责任编辑 / 文　喆

责任校对 / 孙　丽

经　　销 / 新华书店

开　　本 / 670 毫米 ×960 毫米　1/16　印张 /17　字数 /179 千字

印　　刷 / 北京建泰印刷有限公司

版　　次 / 2016 年 10 月第 1 版　2016 年 10 月第 1 次印刷

书　　号 / ISBN 978-7-5113-6293-3

定　　价 / 32.00 元

中国华侨出版社　北京市朝阳区静安里 26 号通成达大厦 3 层　邮编：100028

法律顾问：陈鹰律师事务所

编辑部：（010）64443056　　64443979

发行部：（010）64443051　　传真：（010）64439708

网　　址：www.oveaschin.com

E-mail：oveaschin@sina.com